José Carlos A. Cintra | Nelson Aoki | José Henrique Albiero

Fundações diretas

projeto geotécnico

José Carlos A. Cintra | Nelson Aoki | José Henrique Albiero

Fundações diretas

projeto geotécnico

oficina de textos

1ª reimpressão 2012 | 2ª reimpressão 2014
3ª reimpressão 2016 | 4ª reimpressão 2019

Grafia atualizada conforme o Acordo Ortográfico da Língua Portuguesa de 1990, em vigor no Brasil desde 2009.

CAPA E PROJETO GRÁFICO Malu Vallim
DIAGRAMAÇÃO Casa Editorial Maluhy & Co.
PREPARAÇÃO DE TEXTO Rena Signer
REVISÃO DE TEXTO Marcel Iha
IMPRESSÃO E ACABAMENTO BMF Gráfica e Editora

Dados Internacionais de Catalogação na Publicação (CIP)
(Câmara Brasileira do Livro, SP, Brasil)

Cintra, José Carlos A.
Fundações diretas : projeto geotécnico / José Carlos A. Cintra, Nelson Aoki, José Henrique Albiero. -- São Paulo : Oficina de Textos, 2011.

Bibliografia.
ISBN 978-85-7975-035-9

1. Fundações (Engenharia) 2. Geotécnica 3. Mecânica do solo I. Aoki, Nelson. II. Albiero, José Henrique. III. Título.

11-11860 CDD-624.15

Índices para catálogo sistemático:
1. Fundações diretas : Projeto geotécnico : Tecnologia 624.15

Rua Cubatão, 798
CEP 04013-003 São Paulo SP
tel. (11) 3085 7933
www.ofitexto.com.br
atend@ofitexto.com.br

Prefácio

Em cada elemento isolado de fundação temos uma sapata, uma estaca ou um tubulão embutido no maciço de solo, caracterizando um todo constituído de duas partes: o elemento estrutural de fundação (a sapata, a estaca ou o tubulão) e o elemento geotécnico (o maciço de solo).

Quando dizemos que os tipos mais comuns de fundação são as sapatas, as estacas e os tubulões, empregamos uma figura de linguagem, a sinédoque, um caso especial de metonímia, em que o todo é substituído pela parte.

Há diferentes formas de agrupar os vários tipos de fundação. Uma delas leva em conta a profundidade da ponta ou base do elemento estrutural de fundação, o que dá origem a dois grandes grupos: as **fundações rasas** ou superficiais, como as fundações por sapatas, e as **fundações profundas**, como as fundações por estacas ou tubulões.

Outra forma de classificar as fundações considera o modo de transferência de carga do elemento estrutural para o maciço de solo. No caso de sapatas, a carga é transmitida unicamente pela base, o que resulta na **fundação direta**.

Nas estacas, como ocorre transferência de carga para o maciço de solo por atrito lateral ao longo do fuste, temos uma "fundação indireta", a nomenclatura empregada em Portugal, mas que não "pegou" no Brasil. Aqui ficamos mesmo com **fundação por estacas**.

No caso de tubulões, os pneumáticos não desenvolvem atrito lateral, devido ao processo executivo, e os executados a céu aberto costumam ter o atrito lateral desconsiderado por hipótese de projeto. Assim, se as fundações por tubulões contam apenas com a resistência de base, podem ser agrupadas no time das fundações diretas.

Portanto, há as fundações por estacas e as fundações diretas. O projeto geotécnico das primeiras foi contemplado em livro lançado em 2010, por esta mesma editora. Agora, temos a satisfação de publicar esta segunda obra, completando o tema de projeto geotécnico de fundações, de forma didática, voltada para os estudantes de Engenharia Civil.

Trata-se de uma reformulação de um livro de 2003, *Tensão Admissível em Fundações Diretas*, motivada pelas alterações introduzidas pela norma de Projeto e Execução de Fundações, a NBR 6122, da ABNT, cuja nova versão entrou em vigor em 20/10/2010.

Aproveitamos para incluir um número maior de exercícios resolvidos, para atender às sugestões de professores que adotam nossas publicações em diversos cursos de Engenharia Civil no Brasil. Esses exercícios são praticamente os mesmos utilizados nas aulas de Fundações ministradas na Escola de Engenharia de São Carlos, da Universidade de São Paulo.

Os autores

Sumário

Introdução

A nova norma de Projeto e execução de fundações da ABNT, NBR 6122/2010, traz alguns equívocos de terminologia e simbologia, quando comparada à norma de Ações e segurança nas estruturas, a NBR 8681/2003.

Por exemplo, a norma de fundações, nos itens 3.29, 3.30 e 3.42, emprega a expressão "ações em valores de projeto", quando deveria ser *ações em valores de cálculo*. Nos itens 3.41 e 3.42, utiliza os símbolos "A_k" e "A_d" para os valores característicos e de cálculo das ações, respectivamente, em vez de F_k e F_d. Ainda nesses dois itens, emprega indevidamente o termo "ações", em vez de *solicitações*.

Por isso, nesta introdução, julgamos oportuno tratar dessa problemática, para esclarecer eventuais dúvidas. Também abordamos o conceito de valores representativos, característicos e de cálculo, uma vez que a NBR 6122/2010 da ABNT contempla a possibilidade de elaborar projetos de fundações diretas pela filosofia de valores de cálculo (fatores de segurança parciais), além de manter a filosofia de tensão admissível (fator de segurança global).

No primeiro capítulo, explicamos essas duas filosofias de projeto e mostramos a relação entre elas. Na sequência, temos os capítulos de capacidade de carga e de recalques, preparatórios para o capítulo de tensão admissível, a filosofia de projeto de fundações diretas preferida pelos geotécnicos.

Ações e solicitações

A **estrutura** de um edifício pode ser considerada um **subsistema estrutural** que inclui a **infraestrutura** (sapatas, tubulões ou estacas), embutida no **subsistema geotécnico**. Esses dois subsistemas compõem um **sistema único**, sujeito a um conjunto de **forças ativas externas**, as chamadas **ações**, normalmente subdivididas em ações permanentes, variáveis e excepcionais.

A atuação dessas forças externas provoca o surgimento de **forças reativas internas**, e transmite tensões em cada seção da estrutura, cujas componentes são os **esforços solicitantes**, ou simplesmente **solicitações**, que são: a força normal, a força cortante, o momento fletor e o momento torçor.

Para o engenheiro de fundações, têm particular interesse as solicitações que se desenvolvem nas seções de transição da superestrutura para a infraestrutura, as seções correspondentes ao topo das fundações, bem como os deslocamentos verticais para baixo dessas seções (os recalques das fundações).

As solicitações constituem efeito das ações, pelo princípio de causa e efeito ou de ação e reação. As ações e sua quantificação são preconizadas em norma, considerada sempre a situação mais desfavorável, enquanto as solicitações, os deslocamentos e as deformações são obtidos atendendo às condições de equilíbrio estático, por um processo de cálculo que faz a análise da **interação solo-estrutura**.

Antigamente, sem essa análise, a superestrutura era considerada separada e independente da infraestrutura, com a hipótese básica de **apoios indeslocáveis**. Nesse cenário simplista, as reações de apoio constituíam forças reativas externas à superestrutura, as quais, com o sentido contrário, representavam forças ativas externas à infraestrutura, o que justificava usar a expressão **ações nas fundações**.

Valores representativos, característicos e de cálculo

Começando pelos **valores de cálculo**, a citada norma de Ações e segurança nas estruturas, no item 4.2.3, preceitua que "os valores de cálculo $\boldsymbol{F_d}$ das ações são obtidos a partir dos valores representativos, multiplicando-os pelos respectivos coeficientes de ponderação $\boldsymbol{\gamma_f}$".

Logo, podemos considerar os **valores representativos** das ações os valores ainda não majorados pelos fatores de ponderação γ_f, o que está de acordo com o item anterior dessa norma ao mencionar que "as ações são quantificadas por seus valores representativos". O item 4.2.2 esclarece que há seis tipos representativos das ações: valores característicos, valores característicos nominais, valores reduzidos de combinação, valores convencionais excepcionais, valores reduzidos de utilização e valores raros de utilização, os quatro primeiros para os estados-limites últimos e os outros dois para os estados-limites de serviço.

Portanto, os valores característicos são um dos tipos de valores representativos. Os valores característicos das ações ($\boldsymbol{F_k}$) admitem diferentes definições, em função da variabilidade de suas intensidades (item 4.2.2.1.1). Por exemplo, nas ações variáveis, correspondem a valores que têm de 25% a 35% de probabilidade de serem ultrapassados, enquanto para as ações permanentes o valor característico é o valor médio, referente ao quantil de 50%.

Vejamos, agora, a mesma terminologia em relação às **resistências**. A NBR 8681/2003, no item 5.2.2, considera três tipos de **valores representativos**: 1º) a resistência média ($\boldsymbol{f_m}$); 2º) os valores característicos ($\boldsymbol{f_k}$), associados a uma determinada probabilidade de serem ultrapassados, no sentido desfavorável para a segurança; e 3º) a resistência característica inferior, admitida como o valor que tem apenas 5% de probabilidade de não ser atingido.

Na escolha do valor representativo, o item 5.2.2.4 estabelece as condições para as quais esse valor dever ser tomado como o da resistência característica inferior e quando pode ser tomado como o da resistência média.

Todavia, ao definir a **resistência de cálculo** ($\boldsymbol{f_d}$), o item 5.2.3.1 usa diretamente a **resistência característica inferior** (f_k) com o mesmo símbolo de resistência característica que não vincula nenhum quantil em particular:

$$f_d = \frac{f_k}{\gamma_m}$$

em que γ_m é o coeficiente de ponderação das resistências.

Se nas resistências podemos considerar o valor característico e o subscrito k inerentes ao quantil inferior de 5%, o mesmo não ocorre com as ações, cujos valores característicos não são relacionados a um quantil fixo.

1 Filosofias de projeto

Em uma fundação direta com dezenas de sapatas ou tubulões, a **capacidade de carga** (σ_r) dos elementos isolados de fundação, isto é, a **tensão** que provoca a ruptura do maciço geotécnico, não será a mesma, por causa da variabilidade do solo e dos diferentes tamanhos da base das sapatas ou tubulões. Isso possibilita o tratamento matemático de σ_r como uma variável aleatória e a construção do gráfico da função de densidade de probabilidade, $f_R(R)$, em que trocamos o símbolo σ_r por R, para haver uma representação geral de **resistência**.

Considerando que os valores de R obedecem a uma distribuição normal, à semelhança do que ocorre com a tensão de ruptura à compressão de corpos de prova de concreto, apresentamos a Fig. 1.1, com destaque para dois pontos dessa curva: o do valor médio (R_{med}), com 50% de probabilidade de ocorrência de valores inferiores, e o do valor característico inferior (R_k), com 5% de probabilidade de ocorrência de valores menores.

De modo análogo, podemos considerar as solicitações transmitidas ao solo pelas sapatas e tubulões, em particular a força vertical atuante na seção de contato da base da sapata ou tubulão com o maciço de solo que, dividida pela área da base, resulta em uma **tensão** σ, suposta uniformemente distribuída. Os valores de σ,

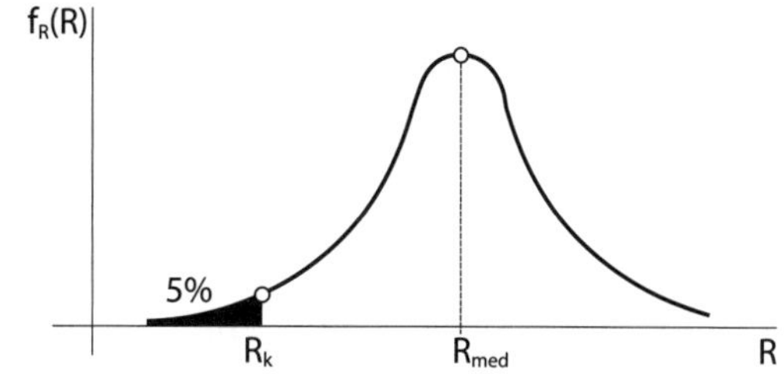

Fig. 1.1 *Distribuição normal dos valores de capacidade de carga*

que substituímos por S para ficarmos com uma representação geral de **solicitação**, não serão idênticos nas várias sapatas ou tubulões e também poderão configurar uma distribuição normal, dando origem a dois valores notáveis: o valor médio (S_{med}) e o valor característico superior (S_k), referente a um quantil qualquer de interesse.

Esses dois valores, o médio e o característico, das resistências e das solicitações dão origem a duas filosofias de projeto, que representam a verificação de segurança em termos dos estados-limites últimos.

1.1 FILOSOFIA DA SOLICITAÇÃO ADMISSÍVEL

Para introduzir o conceito de **solicitação admissível** (S_a), que costumamos chamar de **tensão admissível** em fundações diretas e de **carga admissível** em fundações por estacas, utilizamos o valor médio de resistência (R_{med}):

$$S_a = \frac{R_{\text{med}}}{F_S}$$

em que F_S é o **fator de segurança global** ou, simplesmente, **fator de segurança**, também representado em outros textos por FS ou FS_g. O princípio dessa filosofia de projeto é garantir que, nas fundações diretas, a solicitação em cada sapata ou tubulão (S_i) não seja superior à solicitação admissível:

$$S_i \leqslant S_a$$

O fator de segurança global é definido pela relação entre os valores médios de resistência e de solicitação:

$$F_S = \frac{R_{\text{med}}}{S_{\text{med}}}$$

o que implica a equivalência entre S_a e S_{med}. Em consequência, para garantir um F_S especificado, bastaria que a solicitação média nas sapatas ou nos tubulões não ultrapassasse a solicitação admissível, mas a prática consagrou o procedimento, a favor da segurança, de verificar cada um dos valores disponíveis de solicitação, inclusive o valor máximo.

Portanto, na fase de projeto de uma fundação direta, calculamos a área da base das sapatas ou dos tubulões, para que cada solicitação

S_i atenda ao fator de segurança especificado, mas, concluída a obra, o fator de segurança da fundação será dado pela relação entre os valores médios de R e S.

Na simbologia específica de fundações diretas, temos:

$$\sigma_a = \frac{\sigma_{r\,\mathrm{med}}}{F_S}$$

e

$$\sigma_i \leqslant \sigma_a$$

em que σ_a é a tensão admissível, $\sigma_{r\,\mathrm{med}}$ é o valor médio de capacidade de carga, e σ_i é a tensão vertical que cada sapata ou tubulão aplica no maciço de solo.

1.2 Filosofia dos valores de cálculo

Esta filosofia, de amplo conhecimento dos engenheiros de estruturas, é desenvolvida pelo princípio de minorar a resistência característica (R_k), através do fator de ponderação γ_m (o que resulta no valor de cálculo da resistência, R_d), e simultaneamente majorar o valor característico da solicitação (S_k), através do fator de ponderação γ_f (resultando no valor de cálculo da solicitação, S_d) para, finalmente, impor a condição:

$$S_d \leqslant R_d$$

com

$$S_d = S_k \cdot \gamma_f \quad \text{e} \quad R_d = \frac{R_k}{\gamma_m}$$

em que os **fatores de ponderação** γ_m e γ_f podem ser considerados como **fatores de segurança parciais**.

Na simbologia específica de fundações diretas, temos:

$$\sigma_d \leqslant \sigma_{rd}$$

com

$$\sigma_d = \sigma_k \cdot \gamma_f \quad \text{e} \quad \sigma_{rd} = \frac{\sigma_{rk}}{\gamma_m}$$

em que σ_{rd} e σ_{rk} são, respectivamente, os valores de cálculo e característico da capacidade de carga da fundação por sapatas ou tubulões, e σ_d e σ_k são, respectivamente, os valores de cálculo e característico da tensão vertical que as sapatas ou os tubulões aplicam no maciço de solo.

Portanto, as áreas das bases das sapatas e dos tubulões devem ser tais que a solicitação de cálculo não ultrapasse a resistência de cálculo, ou seja, que a tensão de cálculo não supere a capacidade de carga de cálculo.

1.3 Relação entre as filosofias

A seguir, vamos demonstrar que as duas filosofias estão relacionadas no projeto de fundações quando tratamos de um esforço solicitante em particular, o caso da força vertical aplicada no topo de uma estaca ou a tensão vertical que a sapata ou o tubulão aplica no maciço de solo.

De acordo com Aoki (2008), que denomina γ_S a relação entre os valores característico e médio de solicitação, e γ_R a relação entre os valores médio e característico de resistência,

$$\gamma_S = \frac{S_k}{S_{\text{med}}} \quad \text{e} \quad \gamma_R = \frac{R_{\text{med}}}{R_k}$$

e, reescrevendo os fatores de ponderação como:

$$\gamma_f = \frac{S_d}{S_k} \quad \text{e} \quad \gamma_m = \frac{R_k}{R_d}$$

podemos constatar, com auxílio da Fig. 1.2, que o fator de segurança F_S pode ser expresso como o produto:

$$F_S = \gamma_S \, \gamma_f \, \gamma_m \, \gamma_R$$

Logo, ao desenvolver o projeto pela filosofia dos valores de cálculo, ou seja, atendendo aos valores de norma γ_f e γ_m, automaticamente fica definido um valor para F_S. Ou, pela filosofia de tensão admissível, a imposição de um valor de F_S implica a quantificação do produto $\gamma_f \cdot \gamma_m$.

Outro aspecto observado por Aoki (2010) é que ambas as filosofias apresentam uma deficiência comum, o procedimento de substituir a curva dos valores de resistência e a dos valores de solicitação por

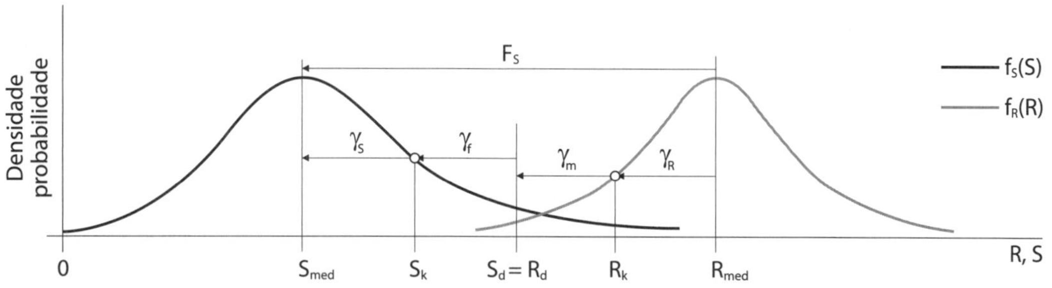

Fig. 1.2 *Correlação entre os fatores de segurança*

um único ponto de cada curva: o ponto referente ao valor médio na primeira filosofia e o ponto referente ao valor característico na segunda.

Ambas as filosofias, ao trocar uma curva por um ponto, deixam de considerar a variabilidade dos valores de resistência e de solicitação, pois, pelo ponto escolhido, podem passar inúmeras curvas normais, mais abertas ou mais fechadas.

Independentemente da filosofia de projeto adotada, seria imprescindível complementar o projeto com a análise de confiabilidade para a verificação da probabilidade de ruína da fundação. Conforme comprovado por Cintra e Aoki (2010), mesmo atendendo aos fatores de segurança de norma, o risco de ruína pode ser inaceitável, condição que exigiria aumentar os fatores de segurança para satisfazer a uma probabilidade de ruína máxima especificada.

Na Fig. 1.2, podemos observar que o valor de F_S indica o grau de afastamento entre as curvas de solicitação e de resistência e que idêntico papel é representado pelo produto $\gamma_f \cdot \gamma_m$. Portanto, utilizar os valores mínimos de norma dos fatores de segurança (global ou parcial) significa garantir um afastamento mínimo entre aquelas curvas. Mas, mesmo com esse afastamento mínimo, a forma das curvas pode resultar numa área significativa sob a intersecção delas, o que pode levar a uma probabilidade de ruína elevada.

1.4 Norma NBR 6122 da ABNT

A penúltima versão da norma de Projeto e Execução de Fundações, de 1996, ao tratar da segurança nas fundações, já contemplava duas filosofias de projeto, com o fator de segurança global (a filosofia de solicitação admissível) ou os fatores de segurança parciais (a filosofia de valores de cálculo).

Nos últimos 15 anos, os geotécnicos projetistas de fundações continuaram dando preferência à primeira filosofia, apesar da crítica permanente dos calculistas estruturais, que passaram da primeira à segunda filosofia há algumas décadas.

Na verificação do ELS, a estimativa de recalque da estaca, da sapata ou do tubulão não pode considerar valores de cálculo das solicitações, mas o próprio esforço atuante ($\gamma_f = 1$), seja a força vertical na cabeça da estaca, seja a tensão vertical na base da sapata ou do tubulão, para posterior comparação com o **recalque admissível**. Por coerência, isso talvez possa explicar a preferência dos geotécnicos pela filosofia de **carga admissível** ou **tensão admissível** para fundações por estacas ou fundações diretas, respectivamente, sem o uso dos chamados valores de cálculo.

Na recente versão da NBR 6122, da ABNT, foram mantidas as duas filosofias, denominando-as "método de valores admissíveis" e "método de valores de projeto", respectivamente, com a introdução, na segunda, das expressões "tensão resistente de projeto" para fundações diretas e "carga resistente de projeto" para fundações por estacas. Entretanto, desconsiderando a tendência indicada pelos códigos de fundações de outros países e do Eurocode, não foram inclusas instruções normativas referentes à probabilidade de ruína.

É previsível que os geotécnicos continuem com a preferência pela primeira filosofia, uma vez que ambas as filosofias são correlacionadas e a segunda, embora mais sofisticada, também faz a troca de uma curva por um ponto. Mas é desejável incluir a análise de confiabilidade nos projetos de fundações para que, além de atender aos fatores de segurança de norma, os riscos sejam quantificados e limitados por valores considerados aceitáveis.

Os conceitos básicos de probabilidade de ruína em fundações podem ser consultados em Cintra e Aoki (2010, p. 67-91), que incluem aplicações para fundações por estacas. No site <http://www.eesc.usp.br/pf> são apresentadas planilhas Excell que exemplificam o cálculo, através do Solver, do índice de confiabilidade (β) e da probabilidade de ruína (p_f) de uma fundação por sapatas. Outras aplicações em fundações diretas poderão ser implementadas nesse mesmo site.

1.5 Tensão resistente de projeto

A NBR 6122/2010 da ABNT, item 7.1, estabelece como grandeza fundamental para o projeto de fundações diretas a **tensão admissível**, quando se utiliza a filosofia que envolve o fator de segurança global, ou a **tensão resistente de projeto**, quando se emprega a filosofia dos fatores de segurança parciais. A determinação da tensão admissível será tratada em capítulo específico, enquanto a determinação da tensão resistente de projeto é resumida a seguir, em função dos elementos normativos disponíveis.

Já vimos que o princípio da filosofia dos fatores de segurança parciais é:

$$\sigma_d \leqslant \sigma_{rd}$$

com

$$\sigma_{rd} = \frac{\sigma_{rk}}{\gamma_m} \quad \text{e} \quad \sigma_d = \sigma_k \cdot \gamma_f$$

em que o valor de cálculo da capacidade de carga de fundações diretas (σ_{rd}, na terminologia deste livro) é a própria tensão resistente de projeto da norma.

A determinação de σ_{rd} deve "obedecer simultaneamente aos estados-limites últimos (ELU) e de serviço (ELS), para cada elemento de fundação isolado e para o conjunto", ainda de acordo com o item 7.1.

Em relação ao ELU, a determinação de σ_{rd} envolve a utilização e interpretação de um ou mais dos três procedimentos descritos de 7.3.1 a 7.3.3: a) Prova de carga sobre placa; b) Métodos teóricos; e c) Métodos semiempíricos. O valor obtido na verificação do ELU também deve atender ao ELS: "A tensão resistente de projeto, neste caso, é o valor máximo da tensão aplicada ao terreno que atenda às limitações de recalque ou deformação da estrutura" (item 7.4).

Os três itens, 7.3.1 a 7.3.3, referem-se apenas à obtenção de valores de capacidade de carga (σ_r), sem especificar como tratá-los estatisticamente para obter o valor característico (σ_{rk}). Devemos supor o quantil de 5% na resistência característica inferior de curvas de distribuição normal. Os valores do fator de ponderação γ_m, necessários para a passagem de σ_{rk} para σ_d, estão especificados nos itens 6.2.1.1.1 a 6.2.1.1.3.

Finalmente, a força vertical atuante no topo de cada sapata ou pilar, em valores característicos, dividida pela área da base, fornece a solicitação característica σ_k. E os valores do fator de ponderação γ_f, necessários para a obtenção da tensão de cálculo σ_d, também estão especificados nos itens 6.2.1.1.1 a 6.2.1.1.3.

Capacidade de carga 2

Consideremos uma sapata de concreto armado, de base retangular com largura **B** e comprimento **L**, embutida no maciço de solo a uma profundidade **h** em relação à superfície. A aplicação de uma força vertical de compressão, **P**, no topo da sapata gera a mobilização de tensões resistentes no maciço de solo que, no contato sapata-solo, são normais à base da sapata, com valor médio $\boldsymbol{\sigma}$ dado por:

$$\sigma = \frac{P}{BL}$$

Pelo princípio de ação e reação, essa tensão é aplicada no solo pela sapata. Dessa forma, o elemento isolado de fundação por sapata caracteriza um sistema sapata-solo, formado pelo elemento estrutural (a sapata) e pelo elemento geotécnico (o maciço de solo), conforme representado na Fig. 2.1.

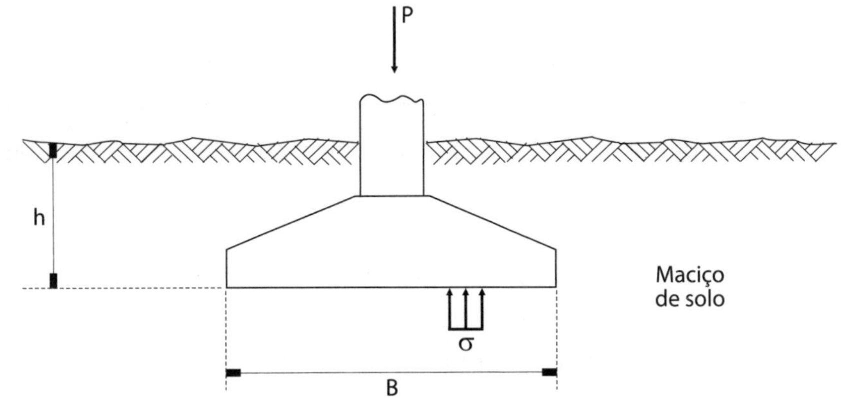

Fig. 2.1 *Sistema sapata-solo*

O aumento gradativo da força P (e, consequentemente, da tensão σ) vai provocar o surgimento de uma superfície potencial de ruptura no interior do maciço de solo. Na iminência da ruptura, teremos a mobilização da resistência máxima do sistema sapata-solo, que denominamos **capacidade de carga** do elemento de fundação por sapata e representamos por $\boldsymbol{\sigma_r}$ (a letra ***r*** subscrita é a inicial das palavras resistência e ruptura).

Portanto, para uma sapata suficientemente resistente como peça estrutural de concreto armado, a capacidade de carga do elemento de fundação é a tensão que provoca a ruptura do maciço de solo em que a sapata está embutida ou apoiada ($h = 0$). É o mesmo significado de capacidade de suporte, expressão usada por alguns autores.

Ainda na Fig. 2.1, ao examinarmos exclusivamente a sapata, identificamos que a reação ao esforço aplicado no seu topo ocorre diretamente na base, o que originou a denominação **fundação direta** para o sistema sapata-solo.

2.1 Modos de ruptura

A essa capacidade de carga geotécnica está associado um mecanismo de ruptura, de diferentes características que, num extremo, configura uma ruptura do tipo frágil, em que a sapata pode girar, levantando uma porção de solo para cima da superfície do terreno. No outro extremo, estabelece uma ruptura do tipo dúctil, caracterizada por deslocamentos significativos da sapata para baixo, sem desaprumar.

Na nomenclatura geotécnica atual, o primeiro mecanismo é denominado **ruptura geral** e o segundo, **ruptura por puncionamento**, seguindo as bases estabelecidas nos vários trabalhos de Aleksandar Vesic (1975).

A ruptura geral ocorre nos casos de solos mais resistentes (menos deformáveis), com sapatas suficientemente rasas. A superfície de ruptura é contínua, desde a borda esquerda da base da sapata até a superfície do terreno à direita, ou o contrário, por simetria, como mostra a Fig. 2.2a. A ruptura é súbita e catastrófica, levando ao tombamento da sapata (para a esquerda ou direita, respectivamente) e à formação de uma considerável protuberância na superfície do terreno. A carga de ruptura é atingida para pequenos valores de recalque, como ilustra a curva carga × recalque da Fig. 2.2b.

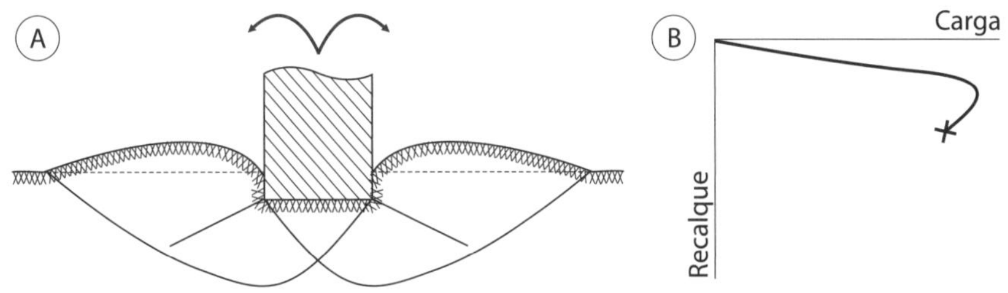

Fig. 2.2 *Ruptura geral (Vesic, 1975)*

A foto da Fig. 2.3, apresentada por Tschebotarioff (1978), exibe um caso de ruptura geral em argila rija que levou ao tombamento de vários silos cilíndricos de concreto armado, com 15 m de diâmetro e 23 m de altura.

Fig. 2.3 *Ruptura geral nas fundações de silos de concreto armado (Tschebotarioff, 1978)*

Em contraposição, a **ruptura por puncionamento** ocorre nos solos mais deformáveis (menos resistentes). Em vez do tombamento, temos a penetração cada vez maior da sapata, devido à compressão do solo subjacente. Junto às bordas da sapata, podemos observar a tendência do solo de acompanhar o recalque da sapata (Fig. 2.4a).

A carga de ruptura é atingida para recalques mais elevados e, para esse valor de carga, os recalques passam a ser incessantes. Contudo, pode haver necessidade de acréscimo contínuo na carga para manter a evolução dos recalques da sapata. Essas duas possibilidades são apresentadas nas curvas carga × recalque da Fig. 2.4b, cujas posições relativas podem se inverter. Na segunda curva, é discutível a caracterização da carga de ruptura, pois a resistência aumenta continuamente.

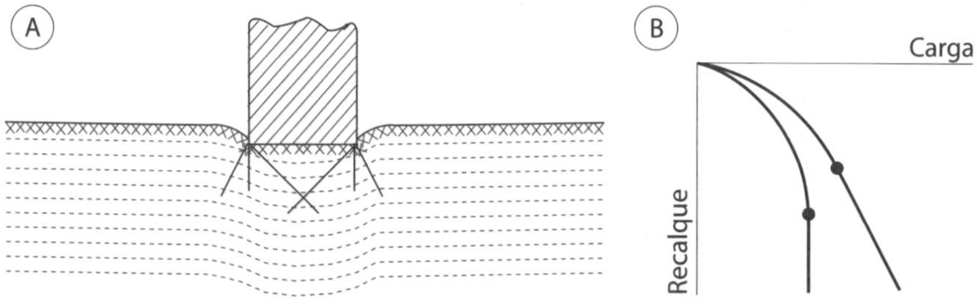

Fig. 2.4 *Ruptura por puncionamento (adaptado de Vesic, 1975)*

A foto da Fig. 2.5 mostra o puncionamento de uma placa metálica circular, em ensaio realizado no solo poroso de São Carlos.

Fig. 2.5 *Puncionamento de uma placa metálica no solo poroso de São Carlos. Crédito: J. B. Nogueira.*

Além desses dois casos extremos de ruptura geral e por puncionamento, Vesic (1975) considera também uma **ruptura local**, que ocorre nos solos de média compacidade ou consistência (areias medianamente compactas e argilas médias), sem apresentar um mecanismo típico, constituindo um caso intermediário dos outros dois modos de ruptura.

O pioneirismo dos estudos desse tema é de Terzaghi (1943), ao caracterizar os dois modos extremos de ruptura, sem o intermediário, com as denominações de ruptura geral e ruptura local, para solos muito e pouco rígidos, respectivamente. Portanto, para evitar confusão de nomenclatura, devemos interpretar que a ruptura local de Terzaghi tornou-se a ruptura por puncionamento de Vesic.

Assim, para fundações rasas, consideramos que ocorre ruptura geral em solos mais rígidos (areias compactas a muito compactas e argilas rijas a duras), ruptura por puncionamento em solos mais compressíveis (areias pouco compactas a fofas e argilas moles a muito moles), e ruptura local em solos intermediários (areias medianamente compactas e argilas médias).

O modo de ruptura não depende somente da rigidez do solo, pois há também o efeito do aumento do embutimento da sapata no maciço de solo. Para o caso de areia, Vesic (1975) estabelece as condições de ocorrência dos modos de ruptura (Fig. 2.6), em função da compacidade relativa e do embutimento relativo da sapata h/B*, com:

$$B^* = \frac{2BL}{B+L}$$

Nessa figura, podemos observar que, com o aumento da profundidade em areia de compacidade intermediária, a ruptura local pode passar para puncionamento e, em areia de maior compacidade, a ruptura geral pode se transformar primeiro em ruptura local e, depois, em puncionamento-

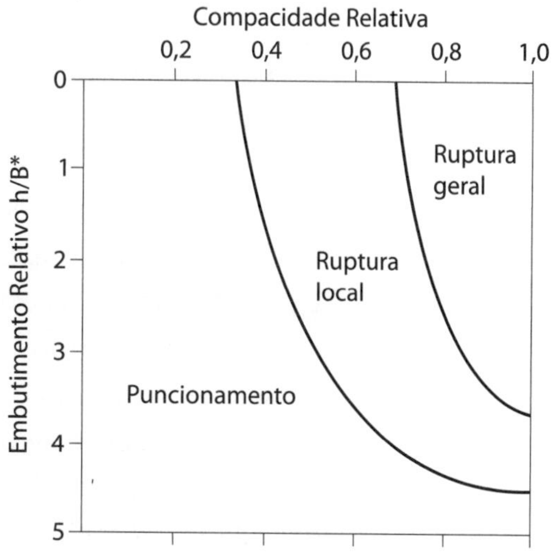

Fig. 2.6 *Condições de ocorrência dos modos de ruptura em areia (Vesic, 1975)*

mento. A partir de $h/B^* = 4,5$ ocorre ruptura por puncionamento, qualquer que seja a compacidade da areia.

Voltando às fundações rasas, precisamos de uma maneira para identificar o modo de ruptura em solos $c-\phi$, pois a literatura trata apenas das argilas ou areias puras. No item 2.9.4, apresentamos um diagrama com essa finalidade, em função dos valores de coesão e de ângulo de atrito.

2.2 Teoria de Terzaghi

Karl Terzaghi, o pai da Mecânica dos Solos, foi pioneiro no desenvolvimento de uma teoria de capacidade de carga de um sistema sapata-solo. Em seu livro, Terzaghi (1943) considera três hipóteses básicas:

1) trata-se de uma sapata corrida, isto é, o seu comprimento L é bem maior do que a sua largura B ($L \geqslant 5$ B), simplificando o problema para um caso bidimensional;

2) a profundidade de embutimento da sapata é inferior à largura da sapata ($h \leqslant B$), o que permite desprezar a resistência ao cisalhamento da camada de solo situada acima da cota de apoio da sapata e, assim, substituir essa camada de espessura h e peso específico γ por uma sobrecarga $q = \gamma\ h$;

3) o maciço de solo sob a base da sapata é rígido (pouco deformável), caracterizando o caso de ruptura geral.

Dessa forma, o problema pode ser esquematizado como mostra a Fig. 2.7, na qual a superfície potencial de ruptura ORST é composta pelos trechos retos OR e ST e por uma espiral logarítmica no trecho intermediário RS, formando três zonas distintas (I, II e III) no maciço de solo com coesão c, ângulo de atrito ϕ e peso específico γ. Por simetria, a superfície potencial de ruptura também pode se desenvolver para a esquerda, a partir do ponto O'. Nessa notação, diferente da vista na Mecânica dos Solos, γ é sempre o peso específico efetivo, enquanto c e ϕ geralmente representam os valores não drenados, conforme justificamos mais adiante, no item 2.9.

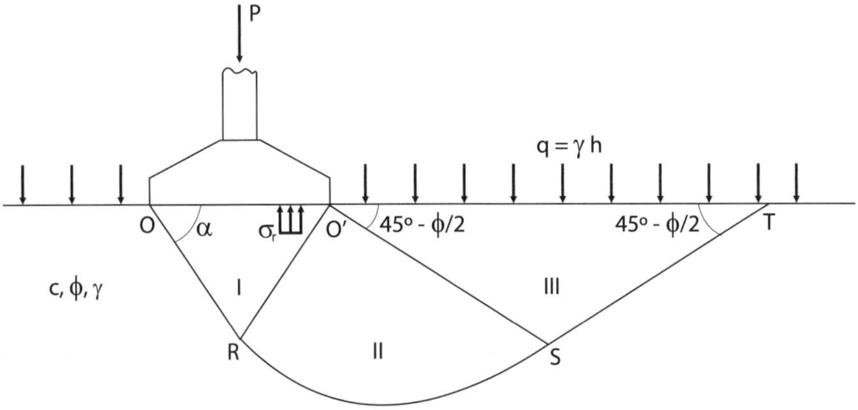

Fig. 2.7 *Superfície potencial de ruptura (Terzaghi, 1943)*

Ainda na Fig. 2.7, os segmentos de reta O'S e ST têm uma inclinação de 45° $-\phi/2$ em relação à horizontal, enquanto os segmentos OR e O'R fazem um ângulo α com a base da sapata, variando entre ϕ e 45° $+\phi/2$. Ademais, os valores de γ abaixo e acima da cota da base da sapata podem ser diferentes, apesar da utilização do mesmo símbolo.

Na iminência da ruptura, em que a sapata aplica a tensão σ_r ao solo (princípio de ação e reação), examinemos a cunha de solo I, com peso próprio W. Nas suas faces OR e O'R, atuam o empuxo passivo E_p e as forças de coesão C_a, conforme esquematizado na Fig. 2.8, para o caso particular de $\alpha = \phi$.

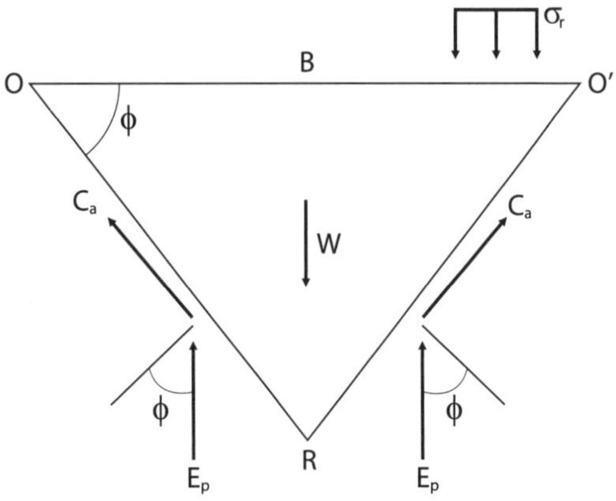

Fig. 2.8 *Cunha de solo sob a base da sapata (Terzaghi, 1943)*

Do equilíbrio das forças verticais, para uma cunha de comprimento unitário, obtemos:

$$\sigma_r B + W - 2E_p - 2C_a \operatorname{sen} \phi = 0$$

com

$$C_a = c\frac{B/2}{\cos \phi}$$

e

$$W = \frac{\gamma}{4}B^2 \operatorname{tg} \phi$$

Fazendo a substituição, encontramos:

$$\sigma_r = 2\frac{E_p}{B} + c\,\text{tg}\,\phi - \frac{\gamma}{4}B\,\text{tg}\,\phi$$

que representaria a solução do problema desde que E_p fosse conhecido. Entretanto, não há solução geral que leve em conta o peso do solo e principalmente a influência da sobrecarga. Por isso, Terzaghi (1943) adotou a metodologia de considerar casos particulares, às vezes hipotéticos, para depois proceder à generalização, através da superposição de efeitos. Essa metodologia é apresentada a seguir, na versão de Terzaghi e Peck (1967).

2.2.1 Solo sem peso e sapata à superfície ($c \neq 0$, $h = 0$ e $\gamma = 0$)

A zona I da Fig. 2.7 movimenta-se para baixo como uma cunha, deslocando lateralmente a zona II, que, por sua vez, empurra para cima a zona III, no estado passivo de Rankine. O ângulo α atinge o valor máximo de $45° + \phi/2$.

Esse caso já havia sido resolvido por Prandtl (1921, *apud* Terzaghi e Peck, 1967), que encontrou para a capacidade de carga a expressão:

$$\sigma_r = c\,N_c$$

em que N_c é um **fator de capacidade de carga** que depende apenas de ϕ:

$$N_c = \text{cotg}\,\phi\left[e^{\pi\,\text{tg}\,\phi}\,\text{tg}^2(45° + \phi/2) - 1\right]$$

2.2.2 Solo não coesivo e sem peso ($c = 0$, $h \neq 0$ e $\gamma = 0$)

O modelo de ruptura permanece o mesmo e a capacidade de carga é dada pela solução de Reisnner (1924, *apud* Terzaghi e Peck, 1967):

$$\sigma_r = q\,N_q$$

em que o **fator de capacidade de carga** N_q também é função apenas de ϕ:

$$N_q = e^{\pi\,\text{tg}\,\phi}\,\text{tg}^2(45° + \phi/2)$$

Esses dois fatores de capacidade de carga são relacionados pela expressão:

$$N_c = (N_q - 1)\,\text{cotg}\,\phi$$

2.2.3 Solo não coesivo e sapata à superfície ($c = 0$, $h = 0$ e $\gamma \neq 0$)

No caso de sapata apoiada à superfície de um maciço de areia pura, a capacidade de carga é representada pela expressão:

$$\sigma_r = \frac{1}{2}\gamma\, B\, N_\gamma$$

em que o **fator de capacidade de carga** N_γ é dado por:

$$N_\gamma = \frac{4E_p}{\gamma\, B^2}\cos(\alpha - \phi)$$

O problema é que o ângulo α não é conhecido e, assim, para um dado valor de ϕ, os cálculos devem ser repetidos, variando α, até que seja encontrado o mínimo valor de N_γ.

Os resultados assim obtidos são conservadores, mas concordam com os calculados por Meyerhof (1955), utilizando procedimentos mais avançados.

2.2.4 Superposição de efeitos

Fazendo a superposição de efeitos dos três casos particulares analisados, encontramos uma equação aproximada para a capacidade de carga do sistema sapata-solo:

$$\sigma_r = c\,N_c + q\,N_q + \frac{1}{2}\,\gamma\,B\,N_\gamma$$

cujas três parcelas representam, respectivamente, as contribuições da coesão, sobrecarga e peso específico. Os fatores de capacidade de carga N_c, N_q e N_γ são adimensionais e dependem unicamente de ϕ, não havendo solução analítica para N_γ.

Na Fig. 2.9, são apresentados os gráficos de N_c e N_q obtidos das equações apresentadas nos itens 2.2.1 e 2.2.2, bem como são plotados os valores de N_γ de Meyerhof (1955).

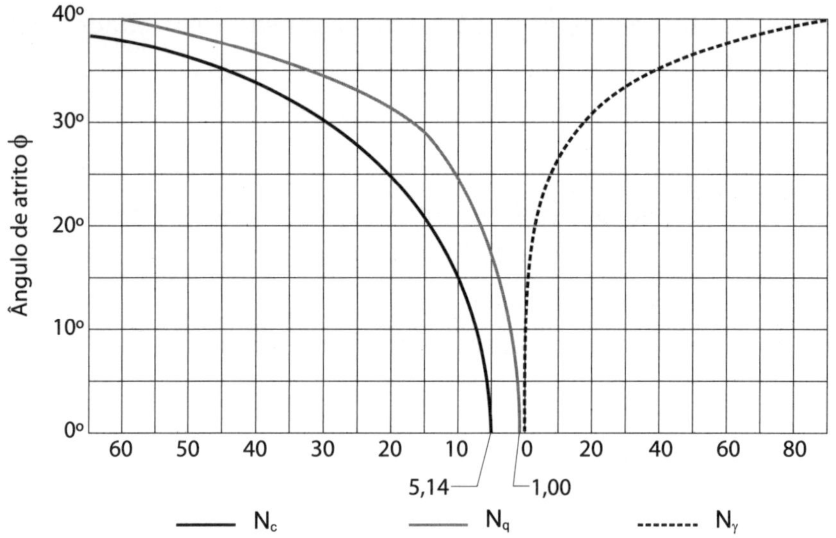

Fig. 2.9 *Fatores de capacidade de carga (Terzaghi e Peck, 1967)*

2.2.5 Efeito da forma da sapata

Através da equação deduzida no item anterior, podemos calcular a capacidade de carga de fundações por sapatas corridas em solos passíveis de ruptura geral. Para o caso de sapatas com base quadrada ou circular, apenas alguns poucos casos especiais foram resolvidos rigorosamente, pois as soluções requerem procedimentos numéricos. Com base nesses resultados e em experimentos, Terzaghi e Peck (1967) apresentam uma equação semiempírica para sapata circular com diâmetro B embutida em um solo compacto ou rijo:

$$\sigma_r = 1{,}2c\,N_c + q\,N_q + 0{,}6\frac{\gamma}{2}B\,N_\gamma$$

e outra para sapata quadrada de lado B:

$$\sigma_r = 1{,}2c\,N_c + q\,N_q + 0{,}8\frac{\gamma}{2}B\,N_\gamma$$

Posteriormente, essas equações passaram a ser agrupadas em uma equação geral de capacidade de carga na ruptura geral, que considera a forma da sapata:

$$\sigma_r = c\,N_c\,S_c + q\,N_q\,S_q + \frac{1}{2}\gamma\,B\,N_\gamma\,S_\gamma$$

em que S_c, S_q e S_γ são denominados **fatores de forma**, cujos valores são reunidos na Tab. 2.1.

Nessa equação, verificamos que a capacidade de carga depende de três tipos de variáveis: os parâmetros do solo, as dimensões da base da sapata, e o embutimento da sapata no maciço de solo. Isso demonstra que o elemento de fundação por sapata constitui mesmo um sistema sapata-solo e que, portanto, não devemos mencionar capacidade de carga da sapata nem do solo, mas sempre do sistema.

Tab. 2.1 Fatores de forma de Terzaghi-Peck

Sapata	S_c	S_q	S_γ
Corrida (lado B)	1	1	1
Quadrada (B = L)	1,2	1	0,8
Circular (B = diâmetro)	1,2	1	0,6

2.2.6 Ruptura por puncionamento

Na impossibilidade de realizar um desenvolvimento teórico para a capacidade de carga de solos fofos ou moles, Terzaghi (1943) propõe a utilização da mesma equação da ruptura geral, mas efetua uma redução empírica nos parâmetros de resistência do solo (c e ϕ), da seguinte maneira:

$$c^* = \frac{2}{3}c$$

e

$$\operatorname{tg}\phi^* = \frac{2}{3}\operatorname{tg}\phi$$

Com o ângulo de atrito ϕ substituído por ϕ^*, os fatores de capacidade de carga tornam-se N'_c, N'_q e N'_γ. Assim, o valor aproximado da capacidade de carga para a ruptura por puncionamento (originalmente denominada ruptura local por Terzaghi, conforme explicado no item 2.1) é dado pela equação:

$$\sigma'_r = c^* N'_c S_c + q\, N'_q S_q + \frac{1}{2}\gamma\, B\, N'_\gamma S_\gamma$$

2.3 Proposição de Vesic

Aleksander S. Vesic (1975), um dos principais pesquisadores no tema da capacidade de carga de fundações, é autor de contribuições importantes para o cálculo da capacidade de carga de fundações diretas.

2.3.1 Ruptura geral

Para solos mais rígidos, passíveis de ruptura geral, Vesic (1975) propõe duas substituições nos fatores da equação geral de capacidade de carga de Terzaghi:

$$\sigma_r = c\,N_c\,S_c + q\,N_q\,S_q + \frac{1}{2}\gamma\,B\,N_\gamma\,S_\gamma$$

Primeiramente, que seja utilizado o fator de capacidade de carga N_γ de Caquot e Kérisel (1953), cujos valores numéricos podem ser aproximados pela expressão analítica:

$$N_\gamma \cong 2(N_q + 1)\,\text{tg}\,\phi$$

Com essa equação e as equações de N_q e N_c apresentadas no item 2.2.2, Vesic calcula os valores dos fatores de capacidade de carga em função de ϕ, reproduzidos na Tab. 2.2, que contém duas colunas adicionais para a relação N_q/N_c e para $\text{tg}\,\phi$, valores que serão exigidos no próximo item.

Como segunda substituição, Vesic (1975) prefere os fatores de forma de De Beer (1967, *apud* Vesic, 1975), os quais dependem não somente da geometria da sapata mas também do ângulo de atrito interno do solo (ϕ), conforme apresentado na Tab. 2.3.

2.3.2 Ruptura local e puncionamento

Para tratar do problema da capacidade de carga no caso de solos compressíveis, em que a ruptura não é do tipo geral, Vesic (1975) apresenta um método racional, em contraposição à proposta empírica de Terzaghi (1943). Esse método consiste na introdução de fatores de compressibilidade nas três parcelas da equação geral de capacidade de carga para a ruptura geral, à semelhança do procedimento empregado para considerar a forma da sapata.

Primeiramente, Vesic (1975) calcula o Índice de Rigidez do solo (I_r) em função de parâmetros de resistência e compressibilidade, e o Índice de Rigidez Crítico ($I_{r\,\text{crit}}$) em função do ângulo de atrito do solo e da geometria da sapata. Depois, faz a comparanção entre esses dois índices: sempre que ocorrer $I_r < I_{r\,\text{crit}}$, a capacidade de carga deve ser reduzida através dos fatores de compressibilidade, todos adimensionais menores do que a unidade.

A vantagem desse método é considerar toda a gama de compressibilidade dos solos. Todavia, o fato de empregar fórmulas não tão simples parece ter inibido o seu uso corrente no cálculo de capacidade de carga.

Tab. 2.2 Fatores de capacidade de carga (Vesic, 1975)

ϕ °	N_c	N_q	N_γ	N_q/N_c	tg ϕ
0	5,14	1,00	0,00	0,20	0,00
1	5,38	1,09	0,07	0,20	0,02
2	5,63	1,20	0,15	0,21	0,03
3	5,90	1,31	0,24	0,22	0,05
4	6,19	1,43	0,34	0,23	0,07
5	6,49	1,57	0,45	0,24	0,09
6	6,81	1,72	0,57	0,25	0,11
7	7,16	1,88	0,71	0,26	0,12
8	7,53	2,06	0,86	0,27	0,14
9	7,92	2,25	1,03	0,28	0,16
10	8,35	2,47	1,22	0,30	0,18
11	8,80	2,71	1,44	0,31	0,19
12	9,28	2,97	1,69	0,32	0,21
13	9,81	3,26	1,97	0,33	0,23
14	10,37	3,59	2,29	0,35	0,25
15	10,98	3,94	2,65	0,36	0,27
16	11,63	4,34	3,06	0,37	0,29
17	12,34	4,77	3,53	0,39	0,31
18	13,10	5,26	4,07	0,40	0,32
19	13,93	5,80	4,68	0,42	0,34
20	14,83	6,40	5,39	0,43	0,36
21	15,82	7,07	6,20	0,45	0,38
22	16,88	7,82	7,13	0,46	0,40
23	18,05	8,66	8,20	0,48	0,42
24	19,32	9,60	9,44	0,50	0,45
25	20,72	10,66	10,88	0,51	0,47
26	22,25	11,85	12,54	0,53	0,49
27	23,94	13,20	14,47	0,55	0,51
28	25,80	14,72	16,72	0,57	0,53
29	27,86	16,44	19,34	0,59	0,55
30	30,14	18,40	22,40	0,61	0,58
31	32,67	20,63	25,99	0,63	0,60
32	35,49	23,18	30,22	0,65	0,62
33	38,64	26,09	35,19	0,68	0,65
34	42,16	29,44	41,06	0,70	0,67
35	46,12	33,30	48,03	0,72	0,70
36	50,59	37,75	56,31	0,75	0,73
37	55,63	42,92	66,19	0,77	0,75
38	61,35	48,93	78,03	0,80	0,78
39	67,87	55,96	92,25	0,82	0,81
40	75,31	64,20	109,41	0,85	0,84
41	83,86	73,90	130,22	0,88	0,87
42	93,71	85,38	155,55	0,91	0,90
43	105,11	99,02	186,54	0,94	0,93
44	118,37	115,31	224,64	0,97	0,97
45	133,88	134,88	271,76	1,01	1,00
46	152,10	158,51	330,35	1,04	1,04
47	173,64	187,21	403,67	1,08	1,07
48	199,26	222,31	496,01	1,12	1,11
49	229,93	265,51	613,16	1,15	1,15
50	266,89	319,07	762,89	1,20	1,19

Tab. 2.3 Fatores de forma (De Beer, 1967, *apud* Vesic, 1975)

Sapata	S_c	S_q	S_γ
Corrida	1,00	1,00	1,00
Retangular	$1 + (B/L)(N_q/N_c)$	$1 + (B/L)\ \text{tg}\,\phi$	$1 - 0,4\ (B/L)$
Circular ou Quadrada	$1 + (N_q/N_c)$	$1 + \text{tg}\,\phi$	0,60

Para Terzaghi (1943), haveria uma transição brusca e irreal entre solos rígidos e não rígidos, com um modo simples de efetuar a redução de capacidade de carga para os solos não rígidos. A favor da simplicidade desse procedimento, pode contar o fato de que, na eventualidade de projetarmos fundações por sapatas em solos compressíveis, provavelmente não haverá necessidade de cálculos mais aprimorados de capacidade de carga, pois prevalecerá o critério de recalque, não o de ruptura.

Por isso, no puncionamento utilizamos a redução para 2/3 nos valores de coesão e de tg ϕ proposta por Terzaghi, mas com os fatores de capacidade de carga e de forma sugeridos por Vesic. Para ruptura local, na ausência de indicação específica na literatura, calcularemos o valor médio de capacidade de carga para as condições de ruptura geral e de puncionamento.

2.4 Outros métodos

A partir das bases estabelecidas por Terzaghi (1943), muitos pesquisadores se dedicaram ao aprimoramento do cálculo de capacidade de carga de fundações por sapatas, modificando as hipóteses pioneiras e/ou tratando de casos específicos, o que gerou a publicação de novos métodos. Três deles são mencionados a seguir.

2.4.1 Método de Skempton

No caso específico de argilas saturadas na condição não drenada ($\phi = 0$), temos $N_q = 1$ e $N_\gamma = 0$, o que simplifica a equação de capacidade de carga de Terzaghi para:

$$\sigma_r = c\, N_c\, S_c + q$$

Nessa condição, Skempton (1951) estabelece que o fator de forma S_c é dado pela expressão:

$$S_c = 1 + 0{,}2(B/L)$$

e que o fator de capacidade de carga N_c é função de h/B, o embutimento relativo da sapata no solo, como mostra a linha cheia da Fig. 2.10 para sapatas corridas. Para as sapatas quadradas ou circulares, em vez de calcular o fator de forma ($B = L \rightarrow S_c = 1{,}2$), podemos obter o valor de N_c já corrigido pelo fator de forma diretamente da linha tracejada da Fig. 2.10.

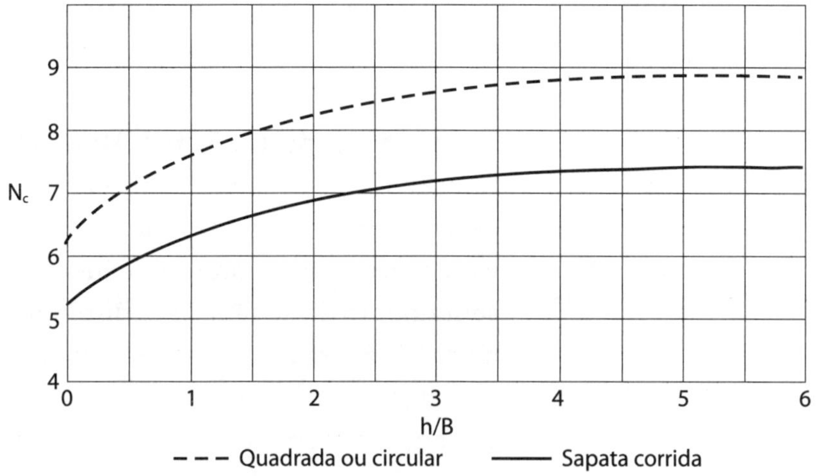

Fig. 2.10 *Fator de Capacidade de Carga (Skempton, 1951)*

2.4.2 Método de Meyerhof

George G. Meyerhof é autor de pesquisas relevantes ao tema capacidade de carga. O seu método, que pode ser consultado nos livros de Vargas (1978) e Velloso e Lopes (1996), considera que a superfície de ruptura se prolonga na camada superficial do terreno e que, portanto, há a contribuição não só da sobrecarga, como também da resistência ao cisalhamento do solo nessa camada.

Para o caso de carga vertical excêntrica, Meyerhof (1953) propõe que as dimensões reais da base da sapata (B, L) sejam substituídas, nos cálculos de capacidade de carga, por valores fictícios (B', L') dados pelas expressões:

$$B' = B - 2e_B$$

e

$$L' = L - 2e_L$$

em que e_B e e_L são as excentricidades da carga nas direções dos lados B e L da sapata, respectivamente, conforme esquematizado na Fig. 2.11.

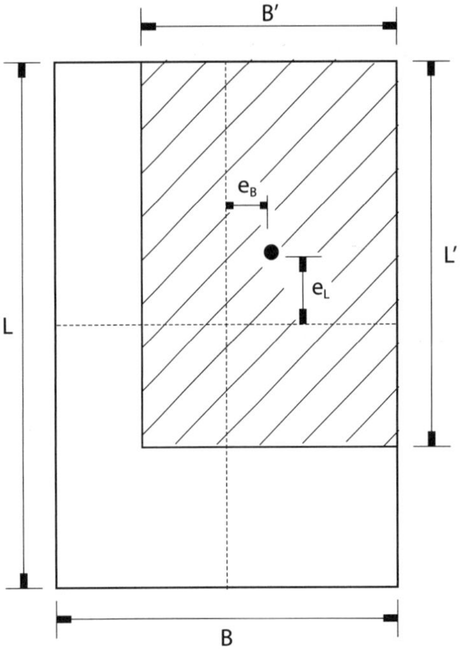

Fig. 2.11 *Carga excêntrica: área efetiva (Meyerhof, 1953)*

Essa simplificação, a favor da segurança, significa considerar uma área efetiva de apoio (A' = B' × L'), cujo centro de gravidade coincide com o ponto de aplicação da carga.

2.4.3 Método de Brinch Hansen

Hansen (1970) considera dois efeitos na capacidade de carga: 1º) o acréscimo devido a uma maior profundidade de assentamento da sapata; 2º) a diminuição no caso de carga inclinada. Para isso, são introduzidos na fórmula de capacidade de carga os chamados fatores de profundidade (d_c, d_q e d_γ) e os fatores de inclinação da carga (i_c, i_q e i_γ).

Dessa forma, a equação de capacidade de carga passa a ser:

$$\sigma_r = c\, N_c\, S_c\, d_c\, i_c + q\, N_q\, S_q\, d_q\, i_q + \frac{1}{2}\gamma\, B\, N_\gamma\, S_\gamma\, d_\gamma\, i_\gamma$$

cujos fatores de capacidade de carga, de forma, de profundidade e de inclinação da carga podem ser obtidos nos livros de Bowles (1988) e Velloso e Lopes (1996).

2.5 SOLO ESTRATIFICADO

Não é raro que o maciço de solo se apresente estratificado em camadas distintas. Para tratar dessa condição, vamos revisar o conceito de bulbo de tensões, o que exige lembrarmos um pouco de propagação de tensões.

2.5.1 Bulbo de tensões

Além dos métodos vistos na Mecânica dos Solos, podemos admitir, para um cálculo prático e aproximado, que a propagação de tensões ocorre de uma forma simplificada, mediante uma inclinação 1:2 (que corresponde a aproximadamente 27° com a vertical), conforme ilustrado pelas Figs. 2.12 e 2.13, em que z é a distância da base da sapata ao topo da segunda camada.

Portanto, a parcela $\Delta\sigma$ de tensão propagada à distância z é aproximadamente:

$$\Delta\sigma \cong \frac{\sigma B L}{(B+z)(L+z)}$$

Assim, à profundidade $z = 2B$ abaixo de uma sapata quadrada de lado B, a parcela propagada $\Delta\sigma$ da tensão σ aplicada pela base da sapata é dada por:

$$\Delta\sigma = \frac{\sigma B^2}{(B+2B)^2} = \frac{\sigma}{9} \cong 10\%\,\sigma$$

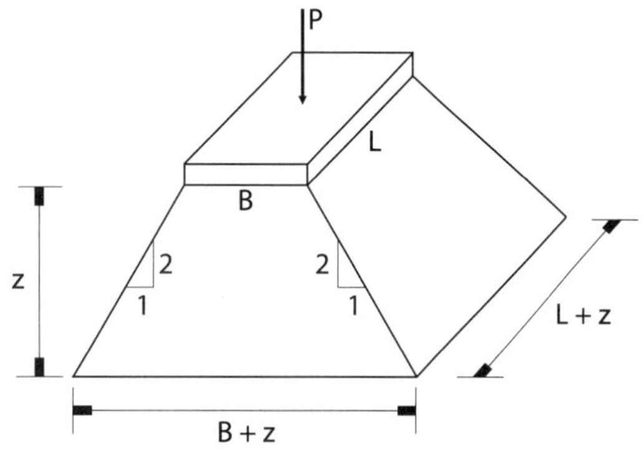

Fig. 2.12 *Propagação de tensões segundo uma inclinação 1:2 (adaptado de Perloff e Baron, 1976)*

o que justifica a utilização de $z = 2B$ como a profundidade do bulbo de tensões, pois na Mecânica dos Solos essa profundidade é definida justamente como a que corresponde à propagação de 10% de σ.

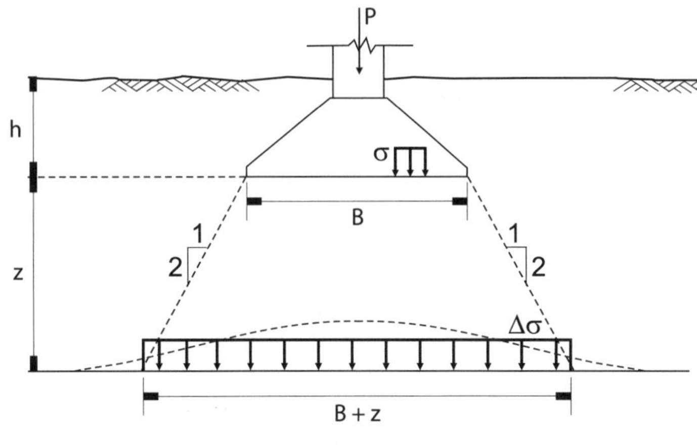

Fig. 2.13 *Parcela de tensão propagada*

Segundo Simons e Menzies (1981), cálculos mais rigorosos para sapatas flexíveis, pela Teoria de Elasticidade, dão os seguintes valores de profundidade do bulbo de tensões, em função da forma da base da sapata:

sapata circular: z = 1,5 B

sapata quadrada: z = 2,5 B

sapata corrida: z = 4,0 B

Para efeitos práticos em fundações, podemos considerar:

$$\text{sapata circular ou quadrada } (L = B) : z = 2B$$
$$\text{sapata retangular } (L = 2a4B) : z = 3B$$
$$\text{sapata corrida } (L \geqslant 5B) : z = 4B$$

Recuperando a Fig. 2.7, agora podemos acrescentar que a superfície potencial de ruptura se desenvolve toda no interior do bulbo de tensões. Assim, no caso de sapatas quadradas, por exemplo, para efeito de cálculo de capacidade de carga, não importa o solo que estiver além da profundidade $z = 2B$.

Portanto, para adotar os parâmetros c, ϕ e γ do maciço de solo situado sob a base da sapata, devemos considerar apenas a espessura atingida pelo bulbo de tensões. Se for uma camada de mesmo solo, mas com alguma variação nesses parâmetros, podemos determinar o valor médio de cada um dentro do bulbo de tensões, assim como a média dos valores de N_{spt}, se for o caso.

2.5.2 Duas camadas

Subjacente à camada superficial em que está embutida a sapata, consideremos uma segunda camada com características de resistência e compressiblidade diferentes da outra, ambas atingidas pelo bulbo de tensões, como mostra a Fig. 2.14.

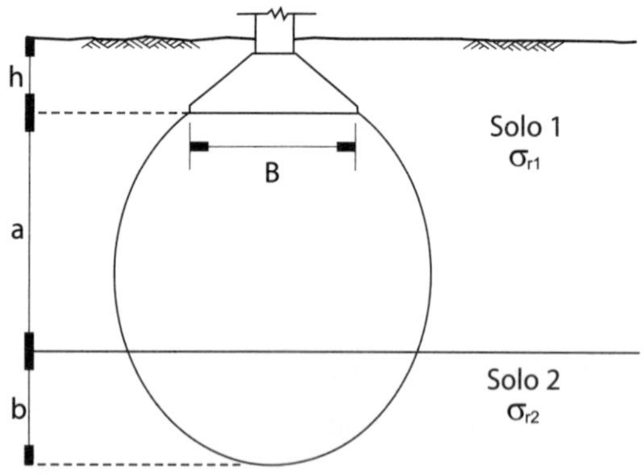

Fig. 2.14 *Segunda camada atingida pelo bulbo de tensões*

Nesse caso, o problema da capacidade de carga torna-se complexo, conforme demonstrado por Vesic (1975). Por isso, vamos apresentar um procedimento prático, detalhado a seguir.

Primeiramente, determinamos a capacidade de carga, considerando apenas a primeira camada (σ_{r1}) e, depois, a capacidade de carga para uma sapata fictícia apoiada no topo da segunda camada (σ_{r2}), conforme o esquema da Fig. 2.15.

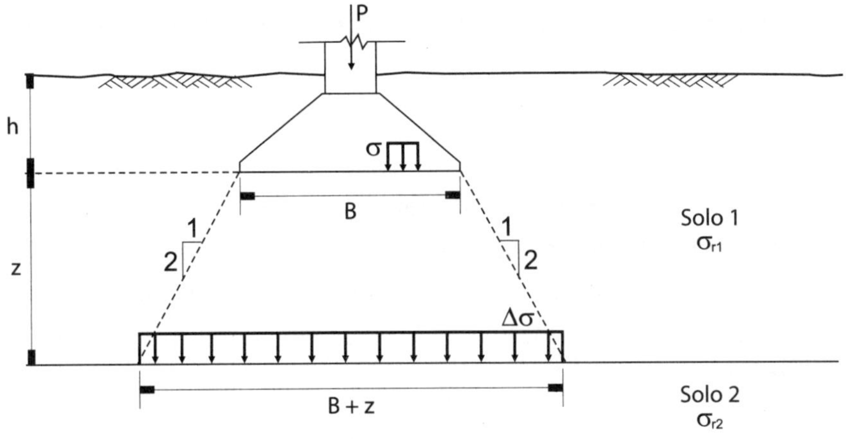

Fig. 2.15 *Sapata fictícia no topo da segunda camada*

Ao comparar os dois valores, se tivermos:

$$\sigma_{r1} \leqslant \sigma_{r2} \rightarrow \text{ ok!}$$

significa que a parte inferior da superfície de ruptura se desenvolve em solo mais resistente e, então, poderemos adotar, a favor da segurança, que a capacidade do sistema (σ_r) é

$$\sigma_r = \sigma_{r1}$$

No caso da segunda camada ser menos resistente, adotamos uma solução prática aproximada, que consiste, inicialmente, em obter a média ponderada dos dois valores, dentro do bulbo de tensões:

$$\sigma_{r1,2} = \frac{a\sigma_{r1} + b\sigma_{r2}}{a+b}$$

em que a e b estão definidos na Fig. 2.14.

Em seguida, verificamos se não haveria antes a ruptura da segunda camada, na iminência de a sapata aplicar esse valor de tensão. Para isso, calculamos a parcela propagada dessa tensão até o topo da segunda camada ($\Delta\sigma$) e, depois, comparamos $\Delta\sigma$ com σ_{r2}.

Assim, se tivermos

$$\Delta\sigma \cong \frac{\sigma_{r1,2}\, B\, L}{(B+z)(L+z)} \leqslant \sigma_{r2} \rightarrow \text{ ok!}$$

então a capacidade de carga do sistema (σ_r) será a própria capacidade de carga média no bulbo ($\sigma_{r1,2}$):

$$\sigma_r = \sigma_{r1,2}$$

Caso a verificação não for satisfeita ($\Delta\sigma > \sigma_{r2}$), será necessário reduzir o valor da capacidade de carga média, de modo que o valor propagado $\Delta\sigma$ não ultrapasse σ_{r2}. Para isso, basta utilizar uma regra de três simples, pela qual a capacidade de carga do sistema (σ_r) resulta em:

$$\sigma_r = \sigma_{r1,2} \frac{\sigma_{r2}}{\Delta\sigma}$$

2.6 Solos colapsíveis

Dentre os solos não saturados, nas camadas situadas acima do nível d'água, merecem especial atenção os porosos, com alto índice de vazios e baixo teor de umidade. Essas características são indícios de solos colapsíveis, que sofrem uma espécie de colapso da sua estrutura em consequência da infiltração de água em quantidade suficiente.

Assim, fundações diretas assentadas em solos colapsíveis podem se comportar satisfatoriamente por algum tempo, mas bruscamente sofrer um recalque adicional de considerável magnitude, em virtude de chuvas intensas, vazamento de tubulações enterradas etc., provocando trincas e fissuras acentuadas (Cintra, 1998).

Os solos colapsíveis, em condições de baixo teor de umidade, apresentam uma espécie de resistência aparente, graças à pressão de sucção que se desenvolve nos seus vazios. Por isso, quanto mais seco o solo colapsível, maior a sucção e, implicitamente, maior a capacidade de carga da fundação. Em contraposição, quanto mais úmido, menor a sucção e, em consequência, menor a capacidade de carga até o extremo de solo inundado, ou sucção nula, em que a capacidade de carga atinge o seu valor mínimo.

A influência da sucção matricial na capacidade de carga ficou bem evidenciada no caso teórico analisado por Fredlund e Rahardjo (1993): sapatas corridas de 0,5 e 1,0 m de lado, assentadas a 0,5 m de profundidade em solo com $\gamma = 18\,kN/m^3$. Ao utilizar a equação de Terzaghi e atribuir valores aos parâmetros de resistência de solos não saturados (c', ϕ' e ϕ^b), obteve-se a variação linear da capacidade de carga com a sucção matricial mostrada na Fig. 2.16. A comprovação experimental desse importante papel da sucção matricial na capacidade de carga, em termos mundiais, foi obtida por Costa (1999) e divulgada internacionalmente por Costa et al. (2003).

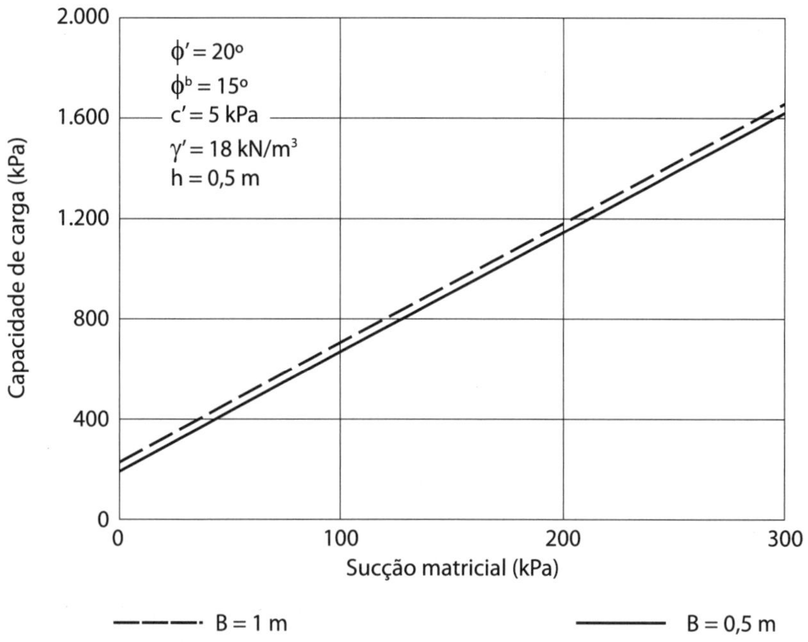

Fig. 2.16 *Capacidade de carga em função da sucção matricial (Fredlund e Rahardjo, 1993)*

De modo análogo, os valores de N_{spt} obtidos em sondagens realizadas em solos colapsíveis são afetados pela sucção matricial (ou pelo teor de umidade). Podemos esperar, em época de chuvas, por exemplo, encontrar valores inferiores aos valores de N_{spt} obtidos em períodos de seca no mesmo local e às mesmas profundidades.

2.7 Prova de carga em placa

Além da forma teórica para o cálculo de capacidade de carga, também temos o método experimental, por meio de provas de carga em placa, realizadas na etapa de projeto da fundação. Esse ensaio, regulamentado pela NBR 6489/1984 da ABNT, consiste na instalação de uma placa, conforme visto na foto da Fig. 2.5, na mesma cota de projeto da base das sapatas, e aplicação de carga, em estágios, com medida simultânea de recalques. Essa placa é circular, rígida e de aço, com diâmetro de 0,80 m.

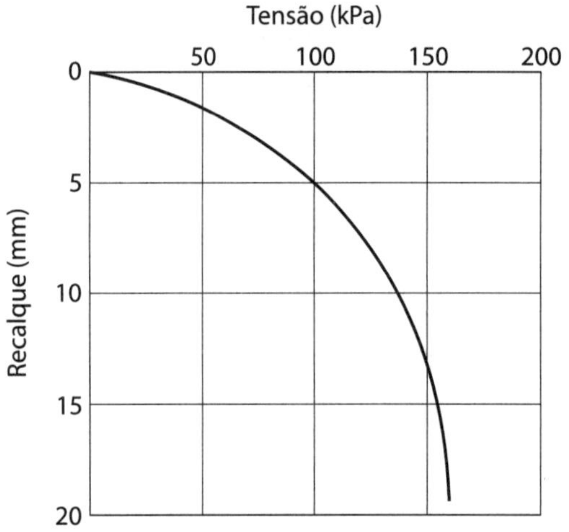

Fig. 2.17 *Curva tensão × recalque de ensaio de placa em argila (Vargas, 1951)*

Da prova de carga, obtemos uma curva tensão × recalque que, pela tradição em fundações, representa os recalques no eixo das ordenadas, voltado para baixo, em consonância com o fato de que os recalques são deslocamentos verticais para baixo. Nas Figs. 2.17 e 2.18, apresentamos duas curvas típicas, uma obtida em ensaio de placa com argila porosa na cidade de São Paulo e a outra, com areia argilosa porosa em São Carlos, SP.

Na primeira curva, identificamos uma ruptura nítida para uma tensão de cerca de 160 kPa, ou seja, $\sigma_r = 160$ kPa, enquanto na segunda as tensões são crescentes com os recalques, exigindo um critério arbitrário para definir a ruptura, entendida como ruptura convencional, como o de Terzaghi (1942), por exemplo, que considera a tensão correspondente

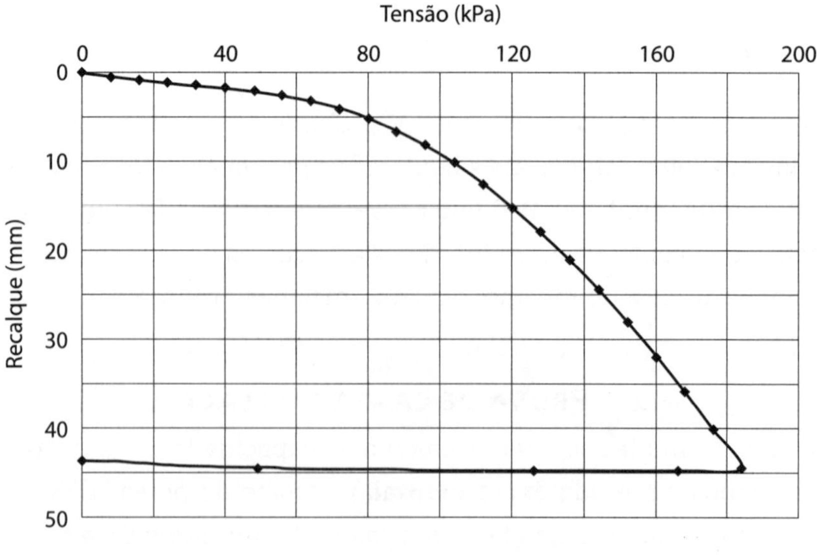

Fig. 2.18 *Curva tensão × recalque de ensaio de placa em areia (Macacari, 2001)*

ao ponto a partir do qual o trecho final da curva se transforma em linha reta não vertical, o que resulta em σ_r = 144 kPa, que arredondamos para σ_r = 140 kPa.

2.8 FUNDAÇÕES POR TUBULÕES

Consideremos um tubulão, com fuste de diâmetro $\mathbf{D_f}$, cuja base circular com diâmetro $\mathbf{D_b}$ está assentada no maciço de solo à profundidade **h** em relação à superfície (Fig. 2.19). A aplicação de uma força vertical de compressão, **P**, no seu topo gera a mobilização de tensões resistentes por atrito lateral ao longo do fuste e de tensões normais à base. Se não levarmos em conta o atrito lateral, teremos a tensão média normal à base, σ, dada por:

$$\sigma = \frac{4P}{\pi D_b^2}$$

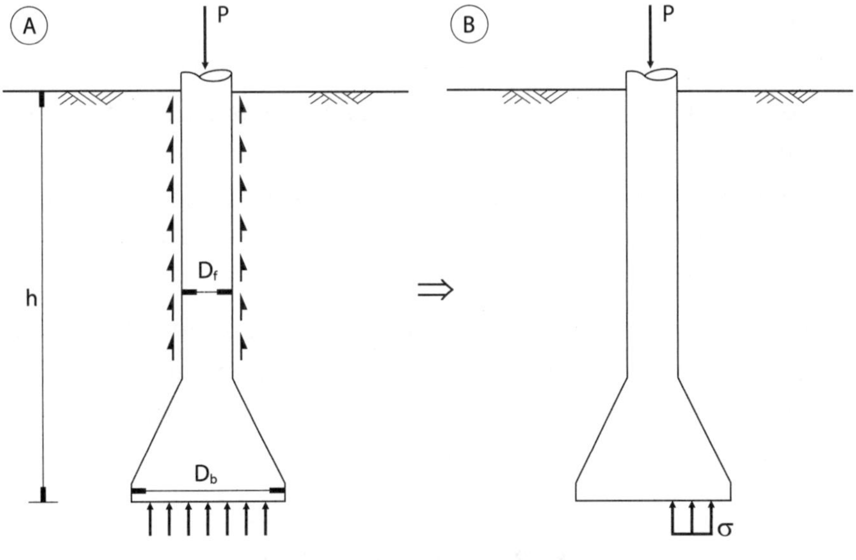

Fig. 2.19 *Sistema tubulão-solo*

O aumento gradativo da carga P e, consequentemente, da tensão σ, provocará a ruptura do maciço de solos sob a base do tubulão, por um mecanismo geralmente de puncionamento. Na iminência da ruptura, teremos a mobilização da resistência máxima do maciço de solo, que denominamos **capacidade de carga** do elemento de fundação por tubulão, representada por $\boldsymbol{\sigma_r}$, à semelhança do que vimos para fundações por sapatas.

Na prática profissional brasileira de projeto de fundações por tubulões a céu aberto, a tradição é não calcular a resistência de atrito lateral, supondo-a desprezível ou apenas o suficiente para equilibrar o peso do tubulão. Essa parcela de resistência é nula nos tubulões pneumáticos com camisa de concreto armado, moldada *in loco*, em que, pelo processo executivo, o solo lateral fica praticamente descolado do fuste.

A inexistência de resistência lateral, mesmo que por mera hipótese de cálculo, justifica que uma fundação por tubulões seja considerada uma fundação direta.

Os métodos teóricos de capacidade de carga não funcionam satisfatoriamente para fundações por tubulões, como de resto para todas as fundações profundas, e, por isso, geralmente não são empregados. Se houver interesse nesse tipo de cálculo, consultar Albiero e Cintra (1996).

Devido à inaplicabilidade dos métodos teóricos para capacidade de carga por tubulões, temos a alternativa de utilizar os métodos semiempíricos originalmente propostos para fundações por estacas, considerando os tubulões como estacas escavadas (ver Cap. 4).

Como via experimental de determinação de capacidade de carga, no caso de projeto de tubulões a céu aberto, podemos cogitar a realização de prova de carga em placa, assentada à provável cota de apoio de projeto das bases dos tubulões.

2.9 Parâmetros do solo

Em solos saturados, principalmente nas argilas moles, os parâmetros de resistência (coesão e ângulo de atrito interno) dependem das condições de carregamento, variando do não drenado (rápido) ao drenado (lento).

Em termos de capacidade de carga de fundações, geralmente predomina como crítica a condição não drenada, pois a capacidade de carga tende a aumentar com a dissipação das pressões neutras.

Por isso, é habitual o cálculo da capacidade de carga apenas com os valores não drenados de coesão de atrito. Os respectivos valores efetivos (c' e ϕ') podem ser utilizados para comprovar o acréscimo de capacidade de carga com o tempo.

2.9.1 Coesão

Para a estimativa do valor da coesão não drenada, quando não dispomos de resultados de ensaios de laboratório, Teixeira e Godoy (1996) sugerem a seguinte correlação com o índice de resistência à penetração N_{spt}:

$$c = 10N_{spt} \qquad \text{(kPa)}$$

2.9.2 Ângulo de atrito

Para a adoção do ângulo de atrito interno da areia, podemos utilizar a Fig. 2.20 (Mello, 1971), que mostra correlações estatísticas entre os pares de valores (σ_V; N_{spt}) e os prováveis valores de ϕ, em que σ_V é a tensão vertical efetiva à cota de obtenção de N_{spt}.

Ainda para a estimativa de ϕ, na condição não drenada, temos duas correlações empíricas com o índice de resistência à penetração do SPT:

$$\text{de Godoy (1983): } \phi = 28° + 0{,}4N_{spt}$$

$$\text{e de Teixeira (1996): } \phi = \sqrt{20N_{spt}} + 15°$$

2.9.3 Peso específico

Se não houver ensaios de laboratório, podemos adotar o peso específico do solo a partir dos valores aproximados das Tabs. 2.4 e 2.5 (Godoy, 1972), em função da consistência da argila e da compacidade da areia, respectivamente. Os estados de consistência de solos finos e de compacidade de solos grossos, por sua vez, são dados em função do índice de resistência à penetração (N_{spt}), de acordo com a NBR 6484/2001 da ABNT.

Tab. 2.4 Peso específico de solos argilosos (Godoy, 1972)

N_{spt}	Consistência	Peso específico (kN/m^3)
$\leqslant 2$	Muito Mole	13
3 - 5	Mole	15
6 - 10	Média	17
11 - 19	Rija	19
$\geqslant 20$	Dura	21

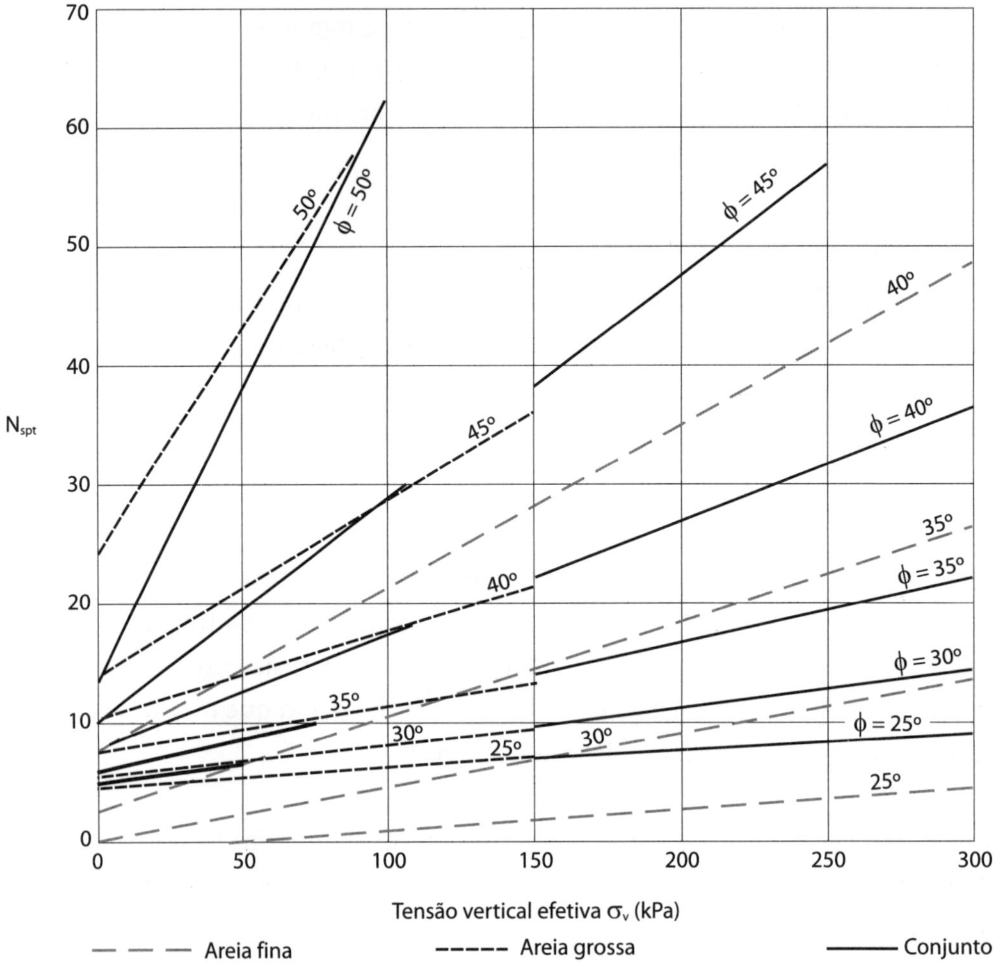

Fig. 2.20 *Ângulo de atrito interno (Mello, 1971)*

TAB. 2.5 Peso específico de solos arenosos (Godoy, 1972)

N_{spt}	Compacidade	Peso específico (kN/m³)		
		Areia seca	**Úmida**	**Saturada**
< 5 5 - 8	Fofa Pouca Compacta	16	18	19
9 - 18	Medianamente Compacta	17	19	20
19 - 40 > 40	Compacta Muito Compacta	18	20	21

No caso de areia saturada, o valor apresentado na Tab. 2.5 refere-se ao peso específico submerso. Como para o cálculo de capacidade de carga precisamos sempre do peso específico efetivo, é necessário descontar o peso específico da água.

2.9.4 Modo de ruptura em solo c-ϕ

Nas Tabs. 2.4 e 2.5, vimos a variação da compacidade das areias e da consistência das argilas em função dos valores de N_{spt}. Com esses dados, mais as correlações de coesão e de ângulo de atrito com N_{spt}, propomos um diagrama para identificar o modo de ruptura em solos c-ϕ, com valores de coesão nas abscissas e ângulo de atrito nas ordenadas.

Na Tab. 2.4, temos os valores de $N_{spt} = 5$ e 10 separando as três principais consistências (muito mole a mole, média, e rija a dura), os quais correspondem a $c = 50$ e 100 kPa, respectivamente. De modo análogo, na Tab. 2.5 temos $N_{spt} = 8$ e 18 separando as três principais compacidades (fofa a pouca compacta, medianamente compacta, e compacta a muito compacta), que correspondem a $\phi = 31°$ e 35°, respectivamente. Ao lançar os quatro valores (dois de coesão e dois de ângulo de atrito) num diagrama c × ϕ, podemos caracterizar três regiões: I (ruptura por puncionamento), II (ruptura local) e III (ruptura geral), conforme indicado na Fig. 2.21.

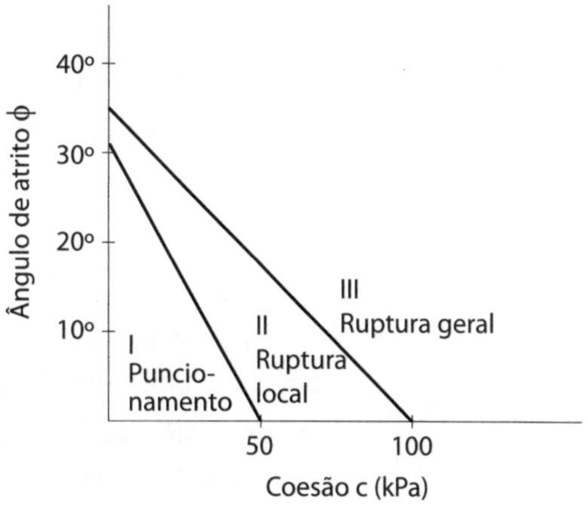

Fig. 2.21 *Modos de ruptura para solos c-ϕ*

2.10 Síntese do capítulo

Consideramos como fundação direta aquela em que a mobilização de resistência do maciço de solo, em resposta à aplicação de um carregamento vertical para baixo, ocorre exclusivamente na superfície de contato entre a base do elemento estrutural de fundação e o solo, como é típico no caso de sapatas e nos tubulões pneumáticos. Ao desprezar a resistência por atrito lateral ao longo do fuste, as fundações por tubulões a céu aberto também podem ser classificadas de diretas.

Definimos como capacidade de carga de uma fundação direta a resistência máxima mobilizável pelo maciço de solo no contato com a base do elemento estrutural de fundação (sapata ou tubulão), ou seja, a tensão que provoca a ruptura do maciço de solo, normalmente o elo mais fraco do sistema sapata-solo ou tubulão-solo.

São três os modos de ruptura em fundações diretas: 1º) ruptura geral (para solos rígidos); 2º) ruptura por puncionamento (solos compressíveis); e 3º) ruptura local (solos intermediários). Na primeira, temos uma ruptura frágil, para baixos valores de recalque, com tombamento da sapata, enquanto na segunda, o caso oposto, ocorre uma ruptura dúctil, com recalques incessantes, mas a fundação mantém-se no prumo. A ruptura por puncionamento, introduzida por Vesic, havia sido denominada ruptura local por Terzaghi, para quem só havia dois modos de ruptura.

O cálculo da capacidade de carga é feito pela equação de Terzaghi, desenvolvida sob as hipóteses de ruptura geral, sapata rasa e corrida, mas com os fatores de capacidade de carga e de forma recomendados por Vesic.

Na ruptura por puncionamento, usamos a mesma equação, mas com a redução empírica de Terzaghi nos parâmetros de resistência. No caso intermediário, de ruptura local, podemos efetuar separadamente os dois cálculos (geral e puncionamento) para encontrarmos um valor médio.

Quando só existe uma camada de solo da base da sapata até a profundidade delimitada pelo bulbo de tensões, podemos, quando necessário, empregar valores médios dos parâmetros do solo, mas sempre valores não drenados para a coesão e o ângulo de atrito e valor efetivo para o peso específico. Com valores não drenados (ou efetivos) de c e ϕ, a capacidade de carga aumenta.

A existência de uma segunda camada distinta, sob a base da sapata, deve ser considerada somente se for atingida pelo bulbo de tensões. Nesse caso, calculamos a capacidade de carga referente à primeira camada e comparamos o valor obtido para uma sapata fictícia apoiada no topo da segunda camada, utilizando a propagação de tensões simplificada (1:2). A continuidade dos cálculos vai depender da conclusão dessa comparação.

Na via experimental para a determinação da capacidade de carga, contamos com a prova de carga em placa, um ensaio normatizado, a ser realizado na etapa de projeto.

Em solos colapsíveis, a capacidade de carga varia ao longo do tempo, em função da oscilação da sucção matricial no solo, a qual é inversamente dependente do teor de umidade. O mínimo valor de capacidade de carga ocorre com a sucção matricial praticamente nula, correspondente ao solo inundado.

Nas fundações por tubulões, também consideradas fundações diretas, os métodos teóricos de capacidade de carga não produzem resultados consistentes, e raramente são realizadas provas de carga. A alternativa são os métodos semiempíricos, originalmente desenvolvidos para fundações por estacas.

EXERCÍCIOS RESOLVIDOS

1) Estimar a capacidade de carga de um elemento de fundação por sapata (indicado na figura), com as seguintes condições de solo e valores médios no bulbo de tensões:

a) argila rija com $N_{spt} = 15$
b) areia compacta com $N_{spt} = 30$
c) areia argilosa com $\phi = 25°$ e $c = 50\,kPa$ (valores não drenados).

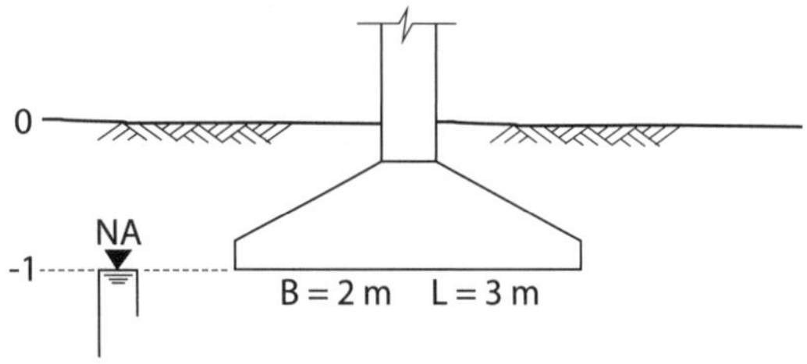

Solução: vamos utilizar a equação de Terzaghi com a proposição de Vesic (Tabs. 2.2 e 2.3).

a) argila rija → ruptura geral

$$\sigma_r = c \cdot N_c \cdot S_c + q \cdot N_q \cdot S_q$$

Tab. 2.2: $\phi = 0 \rightarrow N_c = 5{,}14 \quad N_q = 1{,}00 \quad N_q/N_c = 0{,}20 \quad \text{tg}\,\phi = 0$
Tab. 2.3: $S_c = 1 + (2/3) \cdot 0{,}20 = 1{,}13 \quad S_q = 1{,}00$
$N_{spt} = 15 \rightarrow c = 10 \cdot 15 = 150\,kPa$
Tab. 2.4: argila rija $\rightarrow \gamma = 19\,kN/m^3$
$h = 1\,m \rightarrow q = 19 \cdot 1 = 19\,kPa$

$$\sigma_r = 150 \cdot 5{,}14 \cdot 1{,}13 + 19 \cdot 1{,}00 \cdot 1{,}00$$
$$\cong 890\,\text{kPa} = 0{,}89\,\text{MPa}$$

b) areia compacta → ruptura geral

$$\sigma_r = q \cdot N_q \cdot S_q + \frac{1}{2}\gamma \cdot B \cdot N_\gamma \cdot S_\gamma$$

$N_{spt} = 30 \rightarrow \phi = 28° + 0{,}4 \cdot 30 = 40°$
Tab. 2.2: $\phi = 40° \rightarrow N_q = 64{,}20 \quad N_\gamma = 109{,}41 \quad \text{tg}\,\phi = 0{,}84$
Tab. 2.3: $S_q = 1 + (2/3) \cdot 0{,}84 = 1{,}56 \quad S_\gamma = 1 - 0{,}4 \cdot (2/3) = 0{,}73$
Tab. 2.5: areia compacta → $\gamma = 18\,\text{kN/m}^3$ e $\gamma_{sat} = 21\,\text{kN/m}^3$
$h = 1\,\text{m} \rightarrow q = 18 \cdot 1 = 18\,\text{kPa}$
abaixo do NA: $\gamma' = 21 - 10 = 11\,\text{kN/m}^3$

$$\sigma_r = 18 \cdot 64{,}20 \cdot 1{,}56 + \frac{1}{2} 11 \cdot 2 \cdot 109{,}41 \cdot 0{,}73$$
$$\cong 2.681\,\text{kPa} \cong 2{,}68\,\text{MPa}$$

c) areia argilosa

Como se trata de solo c-ϕ, sem definição da compacidade e/ou consistência, vamos utilizar a Fig. 2.21. Para o solo em questão, o ponto correspondente a $c = 50\,\text{kPa}$ e $\phi = 25°$ se encontra na região III, de ruptura geral.

Para esse modo de ruptura:

$$\sigma_r = c\,N_c\,S_c + q\,N_q\,S_q + \frac{1}{2}\gamma\,B\,N_\gamma\,S_\gamma$$

Tab. 2.2:
$\phi = 25° \rightarrow N_c = 20{,}72$
$N_q = 10{,}66 \quad N_\gamma = 10{,}88 \quad N_q/N_c = 0{,}51 \quad \text{tg}\,\phi = 0{,}47$

Tab. 2.3:
$S_c = 1 + (2/3) \cdot 0{,}51 = 1{,}34$
$S_q = 1 + (2/3) \cdot 0{,}47 = 1{,}31$
$S_\gamma = 1 - 0{,}4 \cdot (2/3) = 0{,}73$

Tab. 2.5:
areia argilosa e ruptura geral → atribuímos
$\gamma = 18\,\text{kN/m}^3$ e $\gamma_{sat} = 21\,\text{kN/m}^3$

$h = 1\,\text{m} \rightarrow q = 18 \cdot 1 = 18\,\text{kPa}$
abaixo do NA: $\gamma' = 21 - 10 = 11\,\text{kN/m}^3$

$$\sigma_r = 50 \cdot 20{,}72 \cdot 1{,}34 + 18 \cdot 10{,}66 \cdot 1{,}31 + \frac{1}{2} 11 \cdot 2 \cdot 10{,}88 \cdot 0{,}73$$
$$\cong 1.727\,\text{kPa} \cong 1{,}73\,\text{MPa}$$

2) Estimar a capacidade de carga de um elemento de fundação por sapata indicado na figura do exercício anterior, com as seguintes condições de solo e valores médios no bulbo de tensões:

a) argila mole com $N_{\text{spt}} = 4$
b) areia pouco compacta com $N_{\text{spt}} = 6$
c) areia argilosa com $\phi = 20°$ e $c = 10\,\text{kPa}$ (valores não drenados).

Solução: vamos utilizar a equação de Terzaghi com a proposição de Vesic (Tabs. 2.2 e 2.3).

a) argila mole → ruptura por puncionamento

$$\sigma'_r = c^* \cdot N'_c \cdot S_c + q \cdot N'_q \cdot S_q$$

Tab. 2.2: $\phi^* = 0 \rightarrow N'_c = 5{,}14 \quad N'_q = 1{,}00 \quad N'_q/N'_c = 0{,}20 \quad \text{tg}\,\phi^* = 0$
Tab. 2.3: $S_c = 1 + (2/3) \cdot 0{,}20 = 1{,}13 \quad S_q = 1{,}00$
$N_{\text{spt}} = 4 \rightarrow c = 10 \cdot 4 = 40\,\text{kPa} \rightarrow c^* = (2/3) \cdot 40 \cong 27\,\text{kPa}$
Tab. 2.4: argila mole $\rightarrow \gamma = 15\,\text{kN/m}^3$
$h = 1\,\text{m} \rightarrow q = 15 \cdot 1 = 15\,\text{kPa}$

$$\sigma'_r = 27 \cdot 5{,}14 \cdot 1{,}13 + 15 \cdot 1{,}00 \cdot 1{,}00$$
$$\cong 172\,\text{kPa} \cong 0{,}17\,\text{MPa}$$

b) areia pouco compacta → ruptura por puncionamento

$$\sigma'_r = q \cdot N'_q \cdot S_q + \frac{1}{2} \gamma \cdot B \cdot N'_\gamma \cdot S_\gamma$$

$N_{\text{spt}} = 6 \rightarrow \phi = 28° + 0{,}4 \cdot 6 \cong 30°$
$\text{tg}\,\phi^* = 2/3\,\text{tg}\,30° = 0{,}38 \rightarrow \phi^* \cong 21°$
$\rightarrow$ Tab. 2.2: $N'_q = 7{,}07 \quad N'_\gamma = 6{,}20$

Tab. 2.3:

$S_q = 1 + (2/3) \cdot 0{,}38 = 1{,}25$

$S_\gamma = 1 - 0{,}4 \cdot (2/3) = 0{,}73$

Tab. 2.5: areia pouco compacta → $\gamma = 16\,\text{kN/m}^3$ e $\gamma_{sat} = 19\,\text{kN/m}^3$

$h = 1\,\text{m} \rightarrow q = 16 \cdot 1 = 16\,\text{kPa}$

abaixo do NA: $\gamma' = 19 - 10 = 9\,\text{kN/m}^3$

$$\sigma'_r = 16 \cdot 7{,}07 \cdot 1{,}25 + \frac{1}{2} 9 \cdot 2 \cdot 6{,}20 \cdot 0{,}73$$
$$\cong 182\,\text{kPa} \cong 0{,}18\,\text{MPa}$$

c) areia argilosa

Como se trata de solo c-ϕ, vamos consultar a Fig. 2.21. O ponto correspondente a c = 10 kPa e $\phi = 20°$ encontra-se na região I, de ruptura por puncionamento.

$$\sigma'_r = c^* \, N'_c \, S_c + q \, N'_q \, S_q + \frac{1}{2} \gamma \, B \, N'_\gamma \, S_\gamma$$

$\text{tg}\,\phi^* = 2/3\,\text{tg}\,20° = 0{,}24 \rightarrow \phi^* \cong 13°$

→ Tab. 2.2: $N'_c = 9{,}81 \quad N'_q = 3{,}26 \quad N'_\gamma = 1{,}97 \quad N'_q/N'_c = 0{,}33$

Tab. 2.3:

$S_c = 1 + (2/3) \cdot 0{,}33 = 1{,}22$

$S_q = 1 + (2/3) \cdot 0{,}24 = 1{,}16$

$S_\gamma = 1 - 0{,}4 \cdot (2/3) = 0{,}73$

Tab. 2.5:

areia argilosa e puncionamento → adotamos:

$\gamma = 16\,\text{kN/m}^3$ e $\gamma_{sat} = 19\,\text{kN/m}^3$

$h = 1\,\text{m} \rightarrow q = 16 \cdot 1 = 16\,\text{kPa}$

abaixo do NA: $\gamma' = 19 - 10 = 9\,\text{kN/m}^3$

$c^* = (2/3) \cdot 10 \cong 7\,\text{kPa}$

$$\sigma'_r = 7 \cdot 9{,}81 \cdot 1{,}22 + 16 \cdot 3{,}26 \cdot 1{,}16 + \frac{1}{2} 9 \cdot 2 \cdot 1{,}97 \cdot 0{,}73$$
$$\cong 157\,\text{kPa} \cong 0{,}16\,\text{MPa}$$

3) Estimar a capacidade de carga de um elemento de fundação por sapata indicado na mesma figura do exercício **(1)**, com as seguintes condições de solo e valores médios no bulbo de tensões:

a) argila média com $N_{spt} = 8$

b) areia medianamente compacta com $N_{spt} = 12$

c) argila arenosa com $c = 40$ kPa e $\phi = 20°$ (valores não drenados).

Solução: vamos utilizar a equação de Terzaghi com a proposição de Vesic (Tabs. 2.2 e 2.3).

a) argila média → ruptura local

Na falta de solução específica para ruptura local, vamos efetuar os cálculos separados para as hipóteses de ruptura geral e por puncionamento e, depois, fazer a média desses valores, pois a ruptura local é caso intermediário dos outros dois modos de ruptura.

Ruptura geral: $\sigma_r = c \cdot N_c \cdot S_c + q \cdot N_q \cdot S_q$

Tab. 2.2: $\phi = 0 \rightarrow N_c = 5{,}14 \quad N_q = 1{,}00 \quad N_q/N_c = 0{,}20 \quad \text{tg}\,\phi = 0$

Tab. 2.3: $S_c = 1 + (2/3) \cdot 0{,}20 = 1{,}13 \quad S_q = 1{,}00$

$N_{\text{spt}} = 8 \rightarrow c = 10 \cdot 8 = 80\,\text{kPa}$

Tab. 2.4: argila média $\rightarrow \gamma = 17\,\text{kN/m}^3$

$h = 1\,\text{m} \rightarrow q = 17 \cdot 1 = 17\,\text{kPa}$

$$\begin{aligned}\sigma_r &= 80 \cdot 5{,}14 \cdot 1{,}13 + 17 \cdot 1{,}00 \cdot 1{,}00 \\ &\cong 482\,\text{kPa} \cong 0{,}48\,\text{MPa}\end{aligned}$$

Ruptura por puncionamento: $\sigma'_r = c^* \cdot N'_c \cdot S_c + q \cdot N'_q \cdot S_q$

Tab. 2.2: $\phi^* = 0 \rightarrow N'_c = 5{,}14 \quad N'_q = 1{,}00 \quad N'_q/N'_c = 0{,}20 \quad \text{tg}\,\phi^* = 0$

Tab. 2.3: $S_c = 1 + (2/3) \cdot 0{,}20 = 1{,}13 \quad S_q = 1{,}00$

$c = 80\,\text{kPa} \rightarrow c^* = (2/3) \cdot 80 \cong 53\,\text{kPa}$

$$\begin{aligned}\sigma'_r &= 53 \cdot 5{,}14 \cdot 1{,}13 + 17 \cdot 1{,}00 \cdot 1{,}00 \\ &\cong 325\,\text{kPa} \cong 0{,}32\,\text{MPa}\end{aligned}$$

Média: $\dfrac{0{,}48 + 0{,}32}{2} = 0{,}40\,\text{MPa}$

b) areia medianamente compacta → ruptura local

Vamos proceder como no item anterior.

Ruptura geral: $\sigma_r = q \cdot N_q \cdot S_q + \frac{1}{2}\gamma \cdot B \cdot N_\gamma \cdot S_\gamma$

$N_{\text{spt}} = 12 \rightarrow \phi = 28° + 0{,}4 \cdot 12 \cong 33°$

Tab. 2.2:

$\phi = 33° \rightarrow N_q = 26{,}09$

$N_\gamma = 35{,}19 \quad N_q/N_c = 0{,}68 \quad \text{tg}\,\phi = 0{,}65$

Tab. 2.3:

$S_q = 1 + (2/3) \cdot 0{,}65 = 1{,}43$

$S_\gamma = 1 - 0{,}4 \cdot (2/3) = 0{,}73$

Tab. 2.5:

areia medianamente compacta

$\rightarrow \gamma = 17\,\text{kN/m}^3$ e $\gamma_{sat} = 20\,\text{kN/m}^3$

$h = 1\,\text{m} \rightarrow q = 17 \cdot 1 = 17\,\text{kPa}$

abaixo do NA: $\gamma' = 20 - 10 = 10\,\text{kN/m}^3$

$$\sigma_r = 17 \cdot 26{,}09 \cdot 1{,}43 + \frac{1}{2} 10 \cdot 2 \cdot 35{,}19 \cdot 0{,}73$$
$$\cong 891\,\text{kPa} \cong 0{,}89\,\text{MPa}$$

Ruptura por puncionamento: $\sigma'_r = q \cdot N'_q \cdot S_q + \frac{1}{2}\gamma \cdot B \cdot N'_\gamma \cdot S_\gamma$

$\text{tg}\,\phi^* = 2/3\,\text{tg}\,33° = 0{,}43 \rightarrow \phi^* \cong 23°$

$\rightarrow$ Tab. 2.2: $N'_q = 8{,}66 \quad N'_\gamma = 8{,}20$

Tab. 2.3:

$S_q = 1 + (2/3) \cdot 0{,}43 = 1{,}29$

$S_\gamma = 1 - 0{,}4 \cdot (2/3) = 0{,}73$

$$\sigma'_r = 17 \cdot 8{,}66 \cdot 1{,}29 + \frac{1}{2} 10 \cdot 2 \cdot 8{,}20 \cdot 0{,}73$$
$$\cong 250\,\text{kPa} = 0{,}25\,\text{MPa}$$

Média: $\dfrac{0{,}89 + 0{,}25}{2} = 0{,}57\,\text{MPa}$

c) argila arenosa

Como se trata de solo c-ϕ, vamos consultar a Fig. 2.21. O ponto correspondente a $c = 40\,\text{kPa}$ e $\phi = 20°$ encontra-se na região II, de ruptura local. Então vamos obter a média dos valores relativos à ruptura geral e por puncionamento.

Ruptura geral:

$$\sigma_r = c\,N_c\,S_c + q\,N_q\,S_q + \frac{1}{2}\gamma\,B\,N_\gamma\,S_\gamma$$

Tab. 2.2:

$\phi = 20° \rightarrow N_c = 14{,}83$

$N_q = 6{,}40 \quad N_\gamma = 5{,}39 \quad N_q/N_c = 0{,}43 \quad \text{tg}\,\phi = 0{,}36$

Tab. 2.3:

$S_c = 1 + (2/3) \cdot 0,43 = 1,29$

$S_q = 1 + (2/3) \cdot 0,36 = 1,24$

$S_\gamma = 1 - 0,4 \cdot (2/3) = 0,73$

Tab. 2.4: argila arenosa e ruptura geral → atribuímos $\gamma = 20\,\text{kN/m}^3$

$h = 1\,\text{m} \rightarrow q = 20 \cdot 1 = 20\,\text{kPa}$

abaixo do NA: $\gamma' = 20 - 10 = 10\,\text{kN/m}^3$

$$\sigma_r = 40 \cdot 14,83 \cdot 1,29 + 20 \cdot 6,40 \cdot 1,24 + \frac{1}{2} 10 \cdot 2 \cdot 5,39 \cdot 0,73$$
$$\cong 963\,\text{kPa} \cong 0,96\,\text{MPa}$$

Ruptura por puncionamento:

$$\sigma'_r = c^*\, N'_c\, S_c + q\, N'_q\, S_q + \frac{1}{2} \gamma\, B\, N'_\gamma\, S_\gamma$$

$\text{tg}\,\phi^* = 2/3\,\text{tg}\,20° = 0,24 \rightarrow \phi^* \cong 13°$

→ Tab. 2.2: $N'_c = 9,81$ $N'_q = 3,26$ $N'_\gamma = 1,97$ $N'_q/N'_c = 0,33$

Tab. 2.3:

$S_c = 1 + (2/3) \cdot 0,33 = 1,22$

$S_q = 1 + (2/3) \cdot 0,24 = 1,16$

$S_\gamma = 1 - 0,4 \cdot (2/3) = 0,73$

Tab. 2.4:

argila arenosa e puncionamento → atribuímos: $\gamma = 14\,\text{kN/m}^3$

$h = 1\,\text{m} \rightarrow q = 14 \cdot 1 = 14\,\text{kPa}$

abaixo do NA: $\gamma' = 14 - 10 = 4\,\text{kN/m}^3$

$c^* = (2/3) \cdot 40 \cong 27\,\text{kPa}$

$$\sigma'_r = 27 \cdot 9,81 \cdot 1,22 + 14 \cdot 3,26 \cdot 1,16 + \frac{1}{2} 4 \cdot 2 \cdot 1,97 \cdot 0,73$$
$$\cong 382\,\text{kPa} \cong 0,38\,\text{MPa}$$

Média: $\dfrac{0,96 + 0,38}{2} = 0,67\,\text{MPa}$

4) Estimar a capacidade de carga de um elemento de fundação por sapata (indicado na figura a seguir), com as seguintes posições do N.A.:

a) −5 m b) −7 m c) −1 m

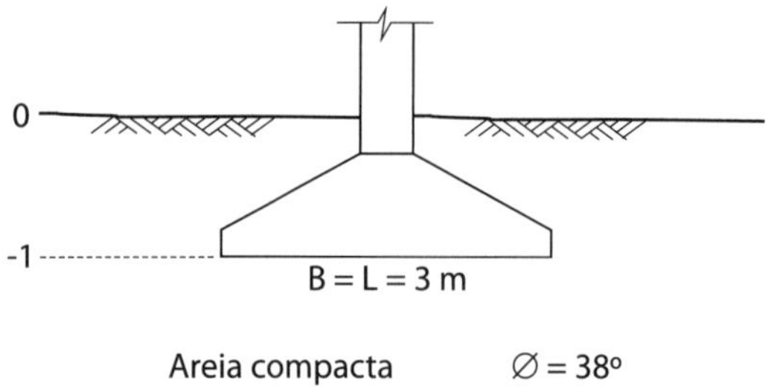

a) N.A.: -5 m (dentro do bulbo de tensões)

Como dentro do bulbo de tensões ($z = 2B = 6\,\text{m}$) temos a variação apenas do peso específico efetivo da areia, podemos obter sua média ponderada e efetuar o cálculo direto da capacidade de carga.

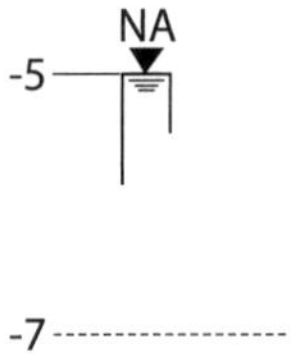

Tab. 2.5: areia compacta →
$\gamma = 18\,\text{kN/m}^3$ e $\gamma_{sat} = 21\,\text{kN/m}^3$
Peso específico efetivo médio:

$$\gamma'_{med} = \frac{4 \cdot 18 + 2 \cdot (21 - 10)}{4 + 2} \cong 15{,}7\,\text{kN/m}^3 \quad \text{(uma decimal)}$$

areia compacta → ruptura geral

$$\sigma_r = q \cdot N_q \cdot S_q + \frac{1}{2}\gamma \cdot B \cdot N_\gamma \cdot S_\gamma$$

Tab. 2.2: $\phi = 38° \rightarrow N_q = 48{,}93 \quad N_\gamma = 78{,}03 \quad \text{tg}\,\phi = 0{,}78$
Tab. 2.3: $S_q = 1 + 0{,}78 = 1{,}78 \quad S_\gamma = 0{,}60$
$h = 1\,\text{m} \rightarrow q = 18 \cdot 1 = 18\,\text{kPa}$

$$\sigma_r = 18 \cdot 48{,}93 \cdot 1{,}78 + \frac{1}{2}15{,}7 \cdot 3 \cdot 78{,}03 \cdot 0{,}60$$
$$\cong 2.670\,\text{kPa} = 2{,}67\,\text{MPa}$$

b) N.A.: -7 m (no limite inferior do bulbo de tensões)

areia compacta → ruptura geral

$$\sigma_r = q \cdot N_q \cdot S_q + \frac{1}{2}\gamma \cdot B \cdot N_\gamma \cdot S_\gamma$$

Tab. 2.2: $\phi = 38° \rightarrow N_q = 48{,}93 \quad N_\gamma = 78{,}03 \quad \text{tg}\,\phi = 0{,}78$
Tab. 2.3: $S_q = 1 + 0{,}78 = 1{,}78 \quad S_\gamma = 0{,}60$
$h = 1\,\text{m} \rightarrow q = 18 \cdot 1 = 18\,\text{kPa}$

$$\sigma_r = 18 \cdot 48{,}93 \cdot 1{,}78 + \frac{1}{2}18 \cdot 3 \cdot 78{,}03 \cdot 0{,}60$$
$$\cong 2.832\,\text{kPa} = 2{,}83\,\text{MPa}$$

c) N.A.: -1 m (na base da sapata)

areia compacta → ruptura geral

$$\sigma_r = q \cdot N_q \cdot S_q + \frac{1}{2}\gamma \cdot B \cdot N_\gamma \cdot S_\gamma$$

Tab. 2.2: $\phi = 38° \rightarrow N_q = 48{,}93 \quad N_\gamma = 78{,}03 \quad \text{tg}\,\phi = 0{,}78$

Tab. 2.3: $S_q = 1 + 0{,}78 = 1{,}78 \quad S_\gamma = 0{,}60$

$h = 1\,\text{m} \rightarrow q = 18 \cdot 1 = 18\,\text{kPa}$

abaixo do NA: $\gamma' = 21 - 10 = 11\,\text{kN/m}^3$

$$\sigma_r = 18 \cdot 48{,}93 \cdot 1{,}78 + \frac{1}{2} 11 \cdot 3 \cdot 78{,}03 \cdot 0{,}60$$
$$\cong 2.340\,\text{kPa} = 2{,}34\,\text{MPa}$$

5) Estimar a capacidade de carga de um elemento de fundação por sapata indicado na figura à direita.

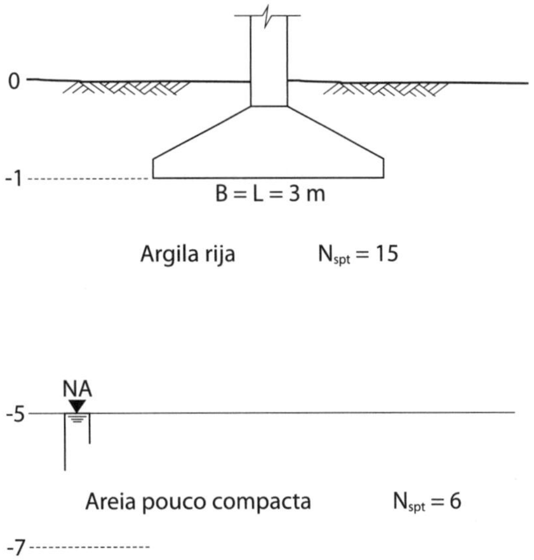

Solução: vamos inicialmente calcular a capacidade de carga considerando apenas a primeira camada.

a) argila rija → ruptura geral

$$\sigma_{r1} = c \cdot N_c \cdot S_c + q \cdot N_q \cdot S_q$$

Tab. 2.2:

$\phi = 0 \rightarrow N_c = 5{,}14$

$N_q = 1{,}00 \quad N_q/N_c = 0{,}20 \quad \text{tg}\,\phi = 0$

Tab. 2.3: $S_c = 1 + 0{,}20 = 1{,}20 \quad S_q = 1{,}00$

$N_{\text{spt}} = 15 \rightarrow c = 10 \cdot 15 = 150\,\text{kPa}$

Tab. 2.4: argila rija → $\gamma = 19\,\text{kN/m}^3$

$h = 1\,\text{m} \rightarrow q = 19 \cdot 1 = 19\,\text{kPa}$

$$\sigma_{r1} = 150 \cdot 5{,}14 \cdot 1{,}20 + 19 \cdot 1{,}00 \cdot 1{,}00$$
$$\cong 944\,\text{kPa} \cong 0{,}94\,\text{MPa}$$

b) areia pouco compacta → ruptura por puncionamento

Sapata fictícia no topo da segunda camada, com $B' = 3 + 4 = 7$ m.

$$\sigma'_{r2} = q \cdot N'_q \cdot S_q + \frac{1}{2}\gamma \cdot B \cdot N'_\gamma \cdot S_\gamma$$

$N_{\text{spt}} = 6 \rightarrow \phi = 28° + 0{,}4 \cdot 6 \cong 30°$

$\text{tg}\,\phi^* = 2/3\,\text{tg}\,30° = 0{,}38 \rightarrow \phi^* \cong 21°$

→ Tab. 2.2: $N'_q = 7{,}07 \quad N'_\gamma = 6{,}20$

Tab. 2.3: $S_q = 1 + 0{,}38 = 1{,}38 \quad S_\gamma = 0{,}60$

$h = 5\,\text{m} \rightarrow q = 19 \cdot 5 = 95\,\text{kPa}$

abaixo do NA: areia pouco compacta

Tab. 2.5: $\gamma_{\text{sat}} = 19\,\text{kN/m}^3 \rightarrow \gamma' = 9\,\text{kN/m}^3$

$$\sigma'_{r2} = 95 \cdot 7{,}07 \cdot 1{,}38 + \frac{1}{2} 9 \cdot 7 \cdot 6{,}20 \cdot 0{,}60$$

$$\cong 1.044\,\text{kPa} \cong 1{,}04\,\text{MPa}$$

Comparando os dois valores de capacidade de carga, temos:

$$\sigma_{r1} = 0{,}94\,\text{MPa} < \sigma'_{r2} = 1{,}04\,\text{MPa} \rightarrow \text{ ok!}$$

então podemos adotar, a favor da segurança, que a capacidade do sistema (σ_r) é

$$\sigma_r = \sigma_{r1} = 0{,}94\,\text{MPa}$$

6) Estimar a capacidade de carga de um elemento de fundação por sapata indicado na figura à esquerda, com as seguintes condições de solo na segunda camada:

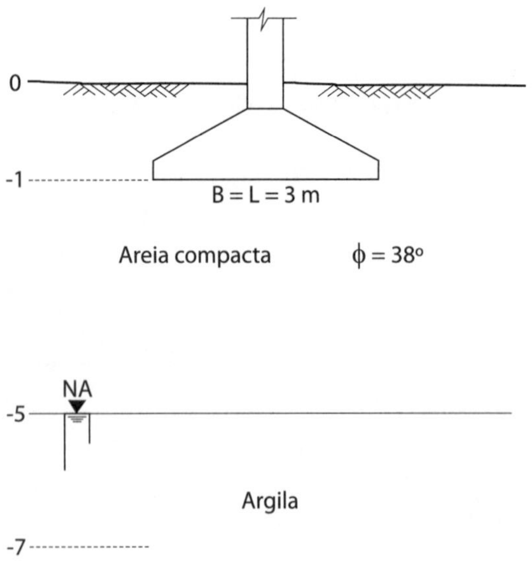

a) argila rija com $N_{\text{spt}} = 15$
b) argila mole com $N_{\text{spt}} = 4$

Solução: vamos inicialmente calcular a capacidade de carga considerando apenas a primeira camada.

areia compacta → ruptura geral

$$\sigma_{r1} = q \cdot N_q \cdot S_q + \frac{1}{2}\gamma \cdot B \cdot N_\gamma \cdot S_\gamma$$

Tab. 2.2: $\phi = 38° \rightarrow N_q = 48{,}93 \quad N_\gamma = 78{,}03 \quad \text{tg}\,\phi = 0{,}78$
Tab. 2.3: $S_q = 1 + 0{,}78 = 1{,}78 \quad S_\gamma = 0{,}60$
Tab. 2.5: areia compacta $\rightarrow \gamma = 18\,\text{k/m}^3$
$h = 1\,\text{m} \rightarrow q = 18 \cdot 1 = 18\,\text{kPa}$

$$\sigma_{r1} = 18 \cdot 48{,}93 \cdot 1{,}78 + \frac{1}{2} 18 \cdot 3 \cdot 78{,}03 \cdot 0{,}60$$
$$\cong 2.832\,\text{kPa} = 2{,}83\,\text{MPa}$$

Agora, vamos considerar uma sapata fictícia no topo da segunda camada, nas duas condições solicitadas.

a) argila rija → ruptura geral

$$\sigma_{r2} = c \cdot N_c \cdot S_c + q \cdot N_q \cdot S_q$$

Tab. 2.2: $\phi = 0 \rightarrow N_c = 5{,}14 \quad N_q = 1{,}00 \quad N_q/N_c = 0{,}20 \quad \text{tg}\,\phi = 0$
Tab. 2.3: $S_c = 1 + 0{,}20 = 1{,}20 \quad S_q = 1{,}00$
$N_{\text{spt}} = 15 \rightarrow c = 10 \cdot 15 = 150\,\text{kPa}$
$h = 5\,\text{m} \rightarrow q = 18 \cdot 5 = 90\,\text{kPa}$

$$\sigma_{r2} = 150 \cdot 5{,}14 \cdot 1{,}20 + 90 \cdot 1{,}00 \cdot 1{,}00$$
$$\cong 1.015\,\text{kPa} = 1{,}01\,\text{MPa}$$

Comparando os dois valores de capacidade de carga, temos:

$$\sigma_{r1} = 2{,}83\,\text{MPa} > \sigma_{r2} = 1{,}01\,\text{MPa}$$

Então, calculamos a média ponderada:

$$\sigma_{r1,2} = \frac{a\sigma_{r1} + b\sigma_{r2}}{a + b} = \frac{4 \cdot 2{,}83 + 2 \cdot 1{,}01}{4 + 2} = 2{,}22\,\text{MPa}$$

para obter a parcela propagada dessa tensão até o topo da segunda camada:

$$\Delta\sigma \cong \frac{\sigma_{r1,2}\, B\, L}{(B + z)(L + z)} = \frac{2{,}22 \cdot 3 \cdot 3}{(3 + 4)(3 + 4)} = 0{,}41\,\text{MPa}$$

Finalmente, comparando $\Delta\sigma$ com σ_{r2}, temos:

$$\Delta\sigma = 0{,}41\,\text{MPa} < \sigma_{r2} = 1{,}01\,\text{MPa} \rightarrow \text{ok!}$$

Então, a capacidade de carga do sistema (σ_r) é a própria capacidade de carga média no bulbo de tensões ($\sigma_{r1,2}$):

$$\sigma_r = \sigma_{r1,2} = 2{,}22\,\text{MPa}$$

b) argila mole → ruptura por puncionamento

$$\sigma'_r = c^* \cdot N'_c \cdot S_c + q \cdot N'_q \cdot S_q$$

Tab. 2.2: $\phi^* = 0 \rightarrow N'_c = 5{,}14 \quad N'_q = 1{,}00 \quad N'_q/N'_c = 0{,}20 \quad \text{tg}\,\phi^* = 0$
Tab. 2.3: $S_c = 1 + 0{,}20 = 1{,}20 \quad S_q = 1{,}00$
$N_{\text{spt}} = 4 \rightarrow c = 10 \cdot 4 = 40\,\text{kPa} \rightarrow c^* = (2/3) \cdot 40 \cong 27\,\text{kPa}$
$\text{h} = 5\,\text{m} \rightarrow \text{q} = 18 \cdot 5 = 90\,\text{kPa}$

$$\sigma'_{r2} = 27 \cdot 5{,}14 \cdot 1{,}20 + 90 \cdot 1{,}00 \cdot 1{,}00$$
$$\cong 257\,\text{kPa} \cong 0{,}26\,\text{MPa}$$

Comparando os dois valores de capacidade de carga, temos:

$$\sigma_{r1} = 2{,}83\,\text{MPa} > \sigma_{r2} = 0{,}26\,\text{MPa}$$

Então, calculamos a média ponderada:

$$\sigma_{r1,2} = \frac{a\sigma_{r1} + b\sigma_{r2}}{a+b} = \frac{4 \cdot 2{,}83 + 2 \cdot 0{,}26}{4+2} = 1{,}97\,\text{MPa}$$

para obter a parcela propagada dessa tensão até o topo da segunda camada:

$$\Delta\sigma \cong \frac{\sigma_{r1,2}\, B\, L}{(B+z)(L+z)} = \frac{1{,}97 \cdot 3 \cdot 3}{(3+4)(3+4)} = 0{,}36\,\text{MPa}$$

Finalmente, comparando $\Delta\sigma$ com σ_{r2}, temos:

$$\Delta\sigma = 0{,}36\,\text{MPa} > \sigma_{r2} = 0{,}26\,\text{MPa}$$

o que exige a redução da capacidade de carga média de modo que o valor propagado $\Delta\sigma$ não ultrapasse σ_{r2}. Logo,

$$\sigma_r = \sigma_{r1,2}\frac{\sigma_{r2}}{\Delta\sigma} = 1{,}97\frac{0{,}26}{0{,}36} = 1{,}42\,\text{MPa}$$

RECALQUES 3

Um recalque extraordinário propiciou que a Torre de Pisa (Fig. 3.1), com 58 m de altura, se tornasse um dos pontos turísticos mais importantes da Itália e do mundo. Recalques diferenciais geravam desaprumo que não estabilizava, atingindo 4,5 m, em 1990, quando foi interditada para a reparação concluída em 2001. Ainda no exterior, são famosos os edifícios da cidade do México, que chegam a atingir cerca de 2 m de recalque, como, por exemplo, o Palácio de Belas Artes, o principal teatro de ópera do país.

No Brasil, são célebres as dezenas de edifícios inclinados na orla marítima da cidade de Santos, SP, dois deles reproduzidos na Fig. 3.2. A maioria apresenta um desaprumo com tendência a se estabilizar com o tempo, mas alguns exigem providências para não tombar completamente.

Fig. 3.1 *Torre de Pisa, Itália (desaprumo de 4,5 m)*
Crédito: G. Stancati.

Casos como esses são incomuns. A quase totalidade dos edifícios sofre recalques de poucas dezenas de milímetros, normalmente invisíveis a olho nu, o que transmite para os leigos a falsa impressão de não haver recalque. A verdade é que todos os edifícios recalcam e, portanto, a hipótese de apoio fixo para pilares, geralmente adotada no cálculo estrutural do edifício, é mera ficção.

Fig. 3.2 *Prédios inclinados em Santos, SP*

Por isso, deve fazer parte da rotina de projetos de fundações a estimativa dos recalques e, mais do que isso, a adequação do projeto para que os recalques sejam inferiores aos valores admissíveis.

Definimos **recalque** de uma sapata como o deslocamento vertical para baixo, da base da sapata em relação a uma referência fixa, indeslocável, como o topo rochoso. Os recalques são provenientes das deformações por diminuição de volume e/ou mudança de forma do maciço de solo compreendido entre a base da sapata e o indeslocável.

Além do **recalque total** (ou absoluto) de cada sapata, temos o **recalque diferencial** (ou relativo) entre duas sapatas. Se o maciço de solo fosse homogêneo e todas as sapatas de mesmas dimensões e submetidos às mesmas cargas, os recalques seriam praticamente uniformes, mas a variabilidade do solo gera recalques desiguais. Além disso, o tamanho das bases das sapatas em um edifício pode variar muito, uma vez que as cargas nos pilares são diferentes, o que é uma causa adicional de recalque diferencial.

Recalques absolutos elevados, mas de mesma ordem de grandeza em todas as partes da fundação, geralmente podem ser tolerados, pois os recalques diferenciais é que são preocupantes. Entretanto, os recalques diferenciais normalmente são maiores quando os recalques absolutos são maiores. Por isso, a magnitude do recalque absoluto pode ser aceita como uma medida indireta para o recalque diferencial.

O recalque absoluto (ρ), que dá origem ao recalque diferencial e aos movimentos do edifício, pode ser decomposto em duas parcelas:

$$\rho = \rho_c + \rho_i$$

em que ρ_c é o **recalque de adensamento** e ρ_i é o **recalque imediato**.

Na Mecânica dos Solos, estudamos o recalque de adensamento, típico das argilas saturadas sob carregamentos permanentes, o qual resulta de deformações volumétricas (diminuição do índice de vazios). O adensamento se processa com a dissipação das pressões neutras, lentamente no decorrer do tempo, pois a baixa permeabilidade das argilas dificulta a expulsão da água intersticial. Aprendemos a fórmula teórica de Terzaghi para o cálculo do recalque final de adensamento, teoricamente a tempo infinito, bem como os procedimentos para o cálculo do recalque parcial de adensamento, para um dado tempo t.

Não vamos revisar o cálculo de recalque de adensamento, mas ele não pode ser ignorado no caso de fundações diretas em argilas saturadas, a não ser que as sapatas ou os tubulões sejam apoiados em argilas sobreadensadas, aplicando tensões inferiores ao valor da tensão de pré-adensamento.

As fundações diretas também sofrem recalques provenientes de deformações a volume constante (sem redução do índice de vazios). Contrariamente ao adensamento, esse tipo de recalque se processa em tempo muito curto, quase simultâneo à aplicação do carregamento, em condições não drenadas. Por isso, é denominado recalque imediato.

Ao considerar um elemento de solo sob a base da sapata ou tubulão, o recalque imediato corresponde a uma distorção desse elemento, uma vez que não há diminuição de volume (nem diminuição de vazios). Por isso, alguns autores preferem a designação recalque de distorção.

Por ser calculado pela Teoria da Elasticidade Linear, o recalque imediato também é chamado de recalque elástico. Entretanto, os solos não são materiais elásticos e, em consequência, os recalques imediatos geralmente não são recuperáveis com o descarregamento, podendo ser reversíveis apenas parcialmente. Por isso, a denominação recalque elástico é inadequada.

É a linearidade que justifica o uso da Teoria da Elasticidade na estimativa de recalques, por ser razoável admitir comportamento linear da curva carga × recalque até níveis de tensão da ordem dos que são aplicados pelas sapatas ou tubulões, suficientemente distantes da ruptura. No emprego da Teoria da Elasticidade para cálculo de recalques, é preferível substituir Módulo de Elasticidade por Módulo de Deformabilidade, de acordo com Vargas (1978).

Como há muita confusão entre elasticidade e linearidade, é importante entendermos que um material pode ser elástico-linear, elástico não linear, ou linear não elástico, como mostra a Fig. 3.3, respectivamente, mediante a comparação das curvas de carregamento e de descarregamento. No comportamento linear, o módulo de deformabilidade (E_S) é dado pelo coeficiente angular da reta que representa o carregamento (Fig. 3.3a e Fig. 3.3c), enquanto no comportamento não linear podem ser considerados os módulos tangente e secante à curva, conforme ensina a Mecânica dos Solos.

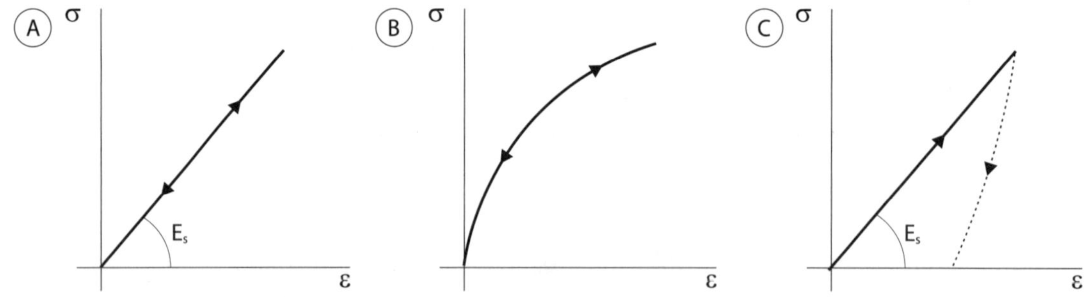

Fig. 3.3 *Comportamento tensão × deformação: a) elástico-linear; b) elástico não linear; c) linear não elástico*

Definido o módulo de deformabilidade, analisemos a sua variação com a profundidade. Se o valor de E_S for constante com a profundidade, temos o chamado **meio elástico homogêneo** (MEH), como é o caso das argilas sobreadensadas. Em contraposição, quando E_S é variável com a profundidade, temos o **meio elástico não homogêneo**, como é o caso das areias, consideradas um **meio linearmente não**

homogêneo quando a variação do módulo com a profundidade (z) puder ser representada pela função:

$$E_S = E_O + k\,z$$

em que E_O e k são constantes.

Na condição particular de $E_O = 0$, temos o chamado meio de Gibson ($E_S = k\,z$), enquanto para $k = 0$ recaímos no MEH ($E_S = E_O = \text{cte}$).

3.1 Recalques imediatos em MEH

Para apresentar o procedimento analítico da estimativa do recalque imediato de fundações diretas em meio elástico homogêneo, começaremos pelo caso de camada semi-infinita e passaremos à camada finita, para chegar à condição mais frequente de multicamadas.

3.1.1 Camada semi-infinita

Considerando uma placa circular rígida, com diâmetro B, apoiada na superfície de um MEH, como uma camada semi-infinita de argila sobreadensada, e σ a tensão média na superfície de contato entre a placa e o maciço de argila, Boussinesq (1885, *apud* Timoshenko e Goodier, 1951) encontra a seguinte expressão para a estimativa do recalque imediato (ρ_i) por meio da Teoria da Elasticidade Linear:

$$\rho_i = \sigma\,B\left[\frac{1-\nu^2}{E_S}\right]\frac{\pi}{4}$$

que, posteriormente, foi estendida para contemplar as condições de placa flexível, quadrada ou retangular, com lado B:

$$\rho_i = \sigma\,B\left[\frac{1-\nu^2}{E_S}\right]I_\rho$$

em que ν = coeficiente de Poisson do maciço de solo;
E_S = módulo de deformabilidade do solo, considerado constante com a profundidade;
I_ρ = fator de influência, que depende da forma e da rigidez da sapata, cujos valores são apresentados na Tab. 3.1.

TAB. 3.1 Fator de influência I_ρ (adaptado de Perloff e Baron, 1976)

Forma	Sapata Flexível			Rígida
	Centro	Canto	Médio	
Circular	1,00	0,64*	0,85	0,79
Quadrada	1,12	0,56	0,95	0,99
L/B = 1,5	1,36	0,67	1,15	
2	1,52	0,76	1,30	
3	1,78	0,88	1,52	
5	2,10	1,05	1,83	
10	2,53	1,26	2,25	
100	4,00	2,00	3,70	

L = comprimento da sapata;
*borda

Para um corpo de prova cilíndrico de material elástico, submetido a um estado de compressão triaxial, o coeficiente de Poisson é definido pela relação entre a deformação radial (ε_r) de expansão e a deformação vertical (ε_z) de compressão:

$$\nu = \frac{-\varepsilon_r}{\varepsilon_z}$$

Pela elasticidade linear, podemos demonstrar que, se não houver variação de volume, mas apenas distorção do corpo de prova com a expansão radial compensando exatamente a redução na sua altura (caso de material incompressível), teremos $\nu = 0{,}5$. Em outro extremo, se as deformações radiais forem nulas (apenas redução da altura do corpo de prova), então $\nu = 0$. No primeiro caso, há mudança de forma sem diminuição do índice de vazios, enquanto no segundo há redução do índice de vazios (e, em consequência, do volume) sem mudança de forma, como ocorre, por exemplo, no ensaio de adensamento em que o anel impede a expansão lateral do corpo de prova.

Nessa tabela, podemos observar que o recalque imediato do centro de uma placa quadrada flexível é o dobro do recalque que ocorre nos cantos. Então, para passar de placa flexível (que aplica tensões uniformes) para placa rígida (que sofre recalques uniformes), as tensões de contato na base da placa devem se acentuar nas bordas e aliviar na região central, de acordo com o esquema da Fig. 3.4.

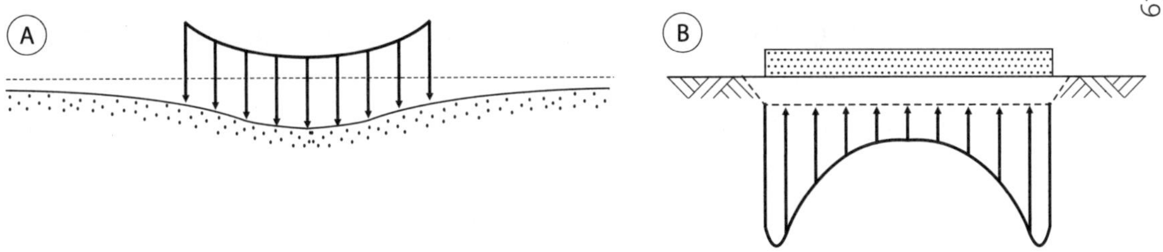

Fig. 3.4 *Tensão de contato entre placa e argila sobreadensada: a) placa flexível; b) placa rígida (Sowers, 1962)*

Nas areias, ao contrário, os recalques de uma sapata flexível são menores no centro, pelo efeito do confinamento. Então as tensões de contato na base da sapata rígida devem ser acentuadas no centro e reduzidas nas bordas (Fig. 3.5).

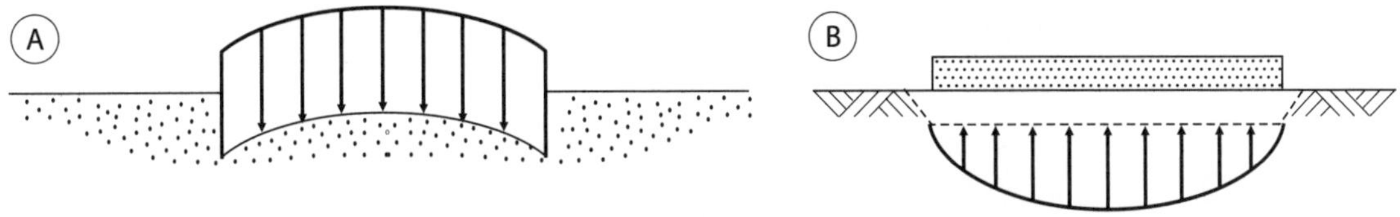

Fig. 3.5 *Tensões de contato entre placa e areia: a) placa flexível; b) placa rígida (Sowers, 1962)*

Portanto, a forma da distribuição das tensões desenvolvidas entre uma placa uniformemente carregada e o solo de apoio depende da rigidez da placa e do tipo de solo. No caso de sapatas apoiadas em rocha, por exemplo, a NBR 6122/1996 da ABNT preconizava o seu cálculo estrutural como peças rígidas, adotando o diagrama de tensões da Fig. 3.6, em que $\sigma_{máx}$ é igual a duas vezes a tensão média.

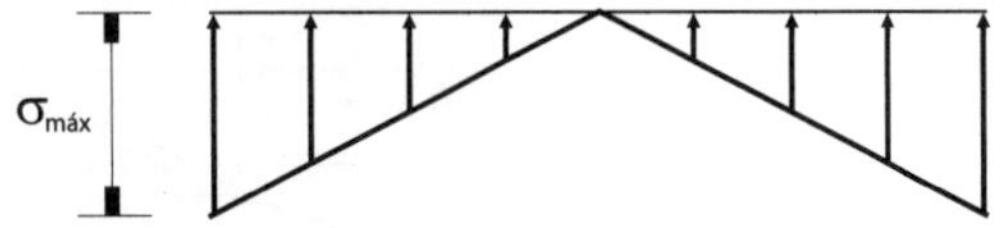

Fig. 3.6 *Distribuição de tensões na base de sapatas apoiadas em rocha (NBR 6122/1996, da ABNT)*

O uso desse diagrama é justificado pela Fig. 3.4b, pois a rocha é um material coesivo por excelência. Essa figura também explica o fato de que, em edifícios na orla litorânea da cidade de Santos, SP, com fundações diretas do tipo *radiê*, as cargas nos pilares de periferia chegam a dobrar de valor com o desenvolvimento dos recalques de adensamento.

As Figs. 3.4 a 3.6 demonstram que as reações de apoio não dependem exclusivamente da estrutura, pois o maciço geotécnico pode desempenhar um papel decisivo.

3.1.2 Camada Finita

Em muitos casos, a camada de solo de MEH é de espessura finita, sobrejacente a um material muito rígido ou praticamente indeformável, cujo topo pode ser considerado indeslocável, como costuma ser o topo rochoso.

Para a previsão do recalque nessa condição, consideremos uma sapata retangular (largura *B* e comprimento *L*) ou circular (diâmetro *B*) assentada a uma profundidade *h* da superfície do maciço de solo, e que a camada de solo apresenta E_S constante e uma espessura *H*, contada da base da sapata ao indeslocável (esquema da Fig. 3.7).

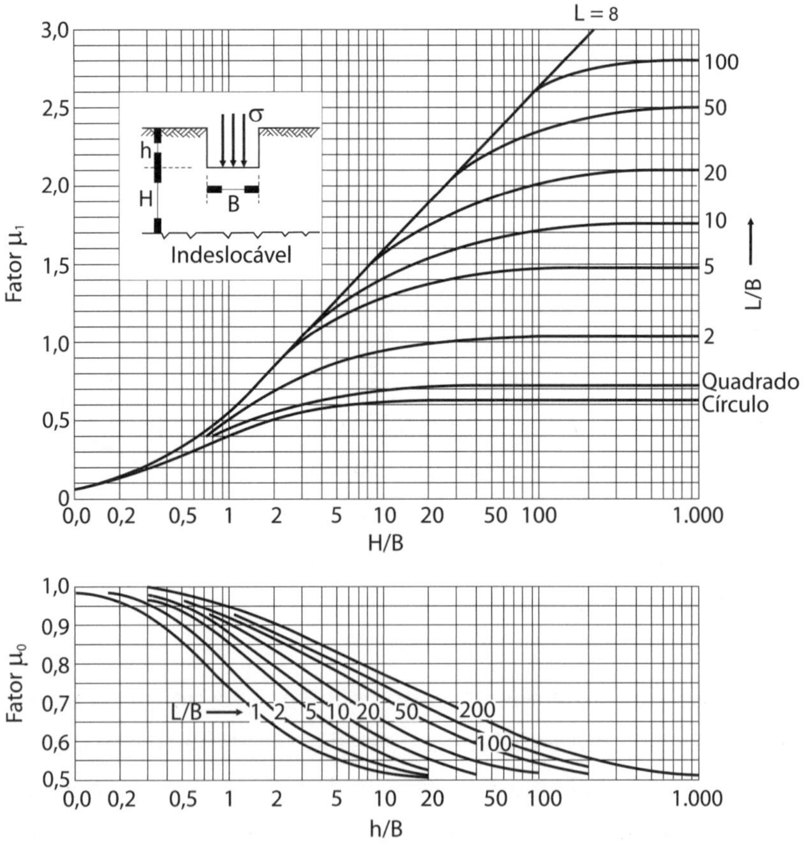

Fig. 3.7 *Fatores μ_0 e μ_1 para o cálculo de recalque imediato de sapata em camada finita (Janbu et al., 1956,* apud *Simons e Menzies, 1981)*

Esse problema foi resolvido por Janbu et al. (1956, *apud* Simons e Menzies, 1981), considerando deformações de volume constante ($\nu = 0{,}5$), representativo de argilas saturadas em condições não drenadas, e adaptando a teoria da elasticidade para obter o recalque médio de sapatas flexíveis:

$$\rho_i = \mu_0 \, \mu_1 \frac{\sigma B}{E_s}$$

em que μ_0 e μ_1 são **fatores de influência** do embutimento da sapata e da espessura da camada de solo, respectivamente, cujos valores são apresentados na Fig. 3.7, em gráficos para diferentes valores da relação L/B. Por considerar o efeito da profundidade de embutimento da base, esse método também é aplicável à previsão de recalques de tubulões.

Nessa figura, observamos que, com o aumento do embutimento h da base da sapata ou tubulão, o recalque pode ser reduzido em até 50%, pois μ_0 varia de 1,0 para 0,5.

3.1.3 "Bulbo" de recalques

Da Fig. 3.7, para o caso de sapata quadrada de lado B, com a base assentada à profundidade h e à distância $H = 2B$ do indeslocável, tiramos o fator $\mu_1 = 0{,}56$, enquanto para uma camada semi-infinita ($H \to \infty$), temos $\mu_1 = 0{,}72$. Então, podemos escrever as respectivas equações:

$$H/B = 2 : \rho_i = \mu_0 \cdot 0{,}56 \cdot \frac{\sigma \cdot B}{E_s}$$

$$H/B \to \infty : \rho_i = \mu_0 \cdot 0{,}72 \cdot \frac{\sigma \cdot B}{E_s}$$

Logo, o cálculo do recalque para $H = 2B$ (o que corresponde ao **bulbo de tensões**) implica uma diferença para menos, de:

$$\frac{0{,}72 - 0{,}56}{0{,}72} = 22\%$$

Ainda na Fig. 3.7, procuremos a espessura para a qual teríamos um recalque superior a 90% do correspondente à camada semi-infinita:

$$\mu_1 > 0{,}9 \cdot 0{,}72 = 0{,}65 \to \mu_1 = 0{,}66 \to H/B = 6$$

Portanto, proceder ao cálculo de recalque para uma espessura de $H = 6B$, se a camada for semi-infinita, equivale a desprezar menos de 10% do recalque.

Como no bulbo de tensões desconsideramos os acréscimos de tensão inferiores a 10%, vamos plagiar esse conceito e, sem qualquer correspondência com a realidade física, criar a expressão **"bulbo" de recalques**, com o significado de espessura da camada sob a base da sapata que produz mais de 90% do recalque imediato total. Então, nesse caso de meio elástico homogêneo, o "bulbo" de recalques atinge a profundidade de $H = 6B$. Em consequência, na estimativa de recalques não podemos considerar apenas as camadas do bulbo de tensões, o que era válido para o cálculo de capacidade de carga.

No caso de um meio estratificado qualquer, não conhecemos a profundidade do "bulbo" de recalques *a priori*. Se houver interesse em encontrá-la, propomos o seguinte procedimento: considerar camadas de espessuras duplicadas, todas contadas a partir da base da sapata, e estimar o recalque correspondente a cada uma delas, até obter um acréscimo de recalque, em relação ao valor anterior, equivalente a menos de 10%.

De forma analítica, vamos demonstrar a consistência desse procedimento para o MEH, com parâmetros de compressibilidade E_S e ν, considerando uma sapata quadrada, de lado B, apoiada à profundidade h, cujo "bulbo" de recalques nós já conhecemos ($H/B = 6$).

Ao variar a posição do indeslocável para $H = B$, $2B$ e $4B$, obtemos espessuras duplicadas para a camada compressível e, pelo método da camada finita, encontramos:

a) indeslocável à distância $H = B$

$$H/B = 1 \quad \text{e} \quad L/B = 1 \rightarrow \mu_1 = 0{,}45$$

$$\rho_1 = \mu_0 \cdot 0{,}45 \cdot \frac{\sigma \cdot B}{E_S}$$

b) indeslocável à distância $H = 2B$

$$H/B = 2 \quad \text{e} \quad L/B = 1 \rightarrow \mu_1 = 0{,}56$$
$$\rho_2 = \mu_0 \cdot 0{,}56 \cdot \frac{\sigma \cdot B}{E_s}$$
$$\text{verificação: } \frac{\rho_2 - \rho_1}{\rho_2} = 20\%$$

c) indeslocável à distância $H = 4B$

$$H/B = 4 \quad \text{e} \quad L/B = 1 \rightarrow \mu_1 = 0{,}64$$
$$\rho_3 = \mu_0 \cdot 0{,}64 \cdot \frac{\sigma \cdot B}{E_s}$$
$$\text{verificação: } \frac{\rho_3 - \rho_2}{\rho_3} = 12\%$$

Como já está próximo de 10%, em vez de duplicarmos de novo, vamos recomeçar testando $H = 3B$ e $H = 6B$:

a) indeslocável à distância $H = 3B$

$$H/B = 3 \quad \text{e} \quad L/B = 1 \rightarrow \mu_1 = 0{,}61$$
$$\rho_1 = \mu_0 \cdot 0{,}61 \cdot \frac{\sigma \cdot B}{E_s}$$

b) indeslocável à distância $H = 6B$

$$H/B = 6 \quad \text{e} \quad L/B = 1 \rightarrow \mu_1 = 0{,}66$$
$$\rho_2 = \mu_0 \cdot 0{,}66 \cdot \frac{\sigma \cdot B}{E_s}$$
$$\text{verificação: } \frac{\rho_2 - \rho_1}{\rho_2} = 6\% < 10\% \rightarrow \text{ ok!}$$

Portanto, encontramos a resposta que já sabíamos: o "bulbo" de recalques à profundidade $H = 6B$, o que valida o procedimento.

3.1.4 Multicamadas

O maciço de solo sobreposto ao indeslocável pode ser constituído por mais de uma camada, cada uma com o seu módulo de deformabilidade, como o problema representado na Fig. 3.8, em que temos

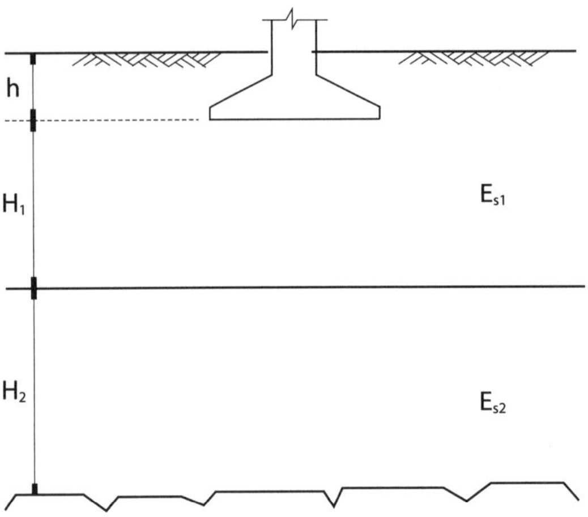

Fig. 3.8 *Duas camadas compressíveis*

duas camadas distintas. Vamos apresentar três possibilidades de solução e indicar como estender o cálculo se houver mais camadas.

a) Camada hipotética

Inicialmente, devemos determinar o recalque de cada uma das camadas (ρ_1 e ρ_2) para, depois, obter o recalque total da sapata:

$$\rho_i = \rho_1 + \rho_2$$

No cálculo de ρ_1, fazemos uma aplicação direta do caso de camada finita, com o artifício de subir o indeslocável para o topo da segunda camada.

Para a obtenção de ρ_2, Simons e Menzies (1981) concebem o procedimento de primeiro calcular o recalque de uma **camada hipotética**, com a espessura total das duas camadas e com módulo de deformabilidade da segunda (E_{s2}), e, depois, subtrair o que foi considerado a mais, isto é, o recalque da primeira camada suposta com módulo E_{s2}.

De maneira análoga, podemos levar em conta a presença de uma terceira e até mais camadas. Essa metodologia pode ser considerada uma solução exata para o recalque de multicamadas, dentro das limitações do conceito de exato em geotecnia.

Quando houver várias camadas, não podemos considerar apenas as pertencentes ao bulbo de tensões, mas não precisamos calcular o recalque de todas, até o indeslocável. Como critério prático, prosseguimos o cálculo até encontrar uma camada com contribuição desprezível no recalque total, desde que, subjacente a ela, não haja camada mais compressível.

b) Sapata fictícia

Como alternativa à metodologia anterior, vamos simplificar o cálculo do recalque da segunda camada, considerando uma **sapata fictícia** apoiada no seu topo, com dimensões ampliadas através da propagação 1:2 (Fig. 3.9). De maneira similar, podemos considerar a presença de mais camadas.

Esse procedimento conduz a resultados bem próximos dos obtidos na solução anterior. Pela sua simplicidade, terá a nossa preferência para a resolução desse tipo de problema.

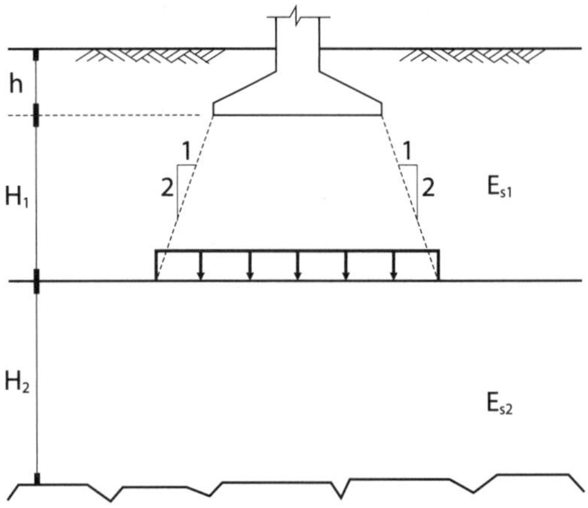

Fig. 3.9 *Sapata fictícia na segunda camada*

c) Média dos módulos

Uma solução direta pode ser a consideração de uma camada única, com módulo de deformabilidade dado pela média ponderada dos módulos. Assim, para duas camadas, teríamos:

$$E_{s\,\mathrm{med}} = \frac{H_1 \cdot E_{s1} + H_2 \cdot E_{s2}}{H_1 + H_2}$$

Essa solução é sedutora pela sua extrema simplicidade, mas deve ser descartada, porque conduz a resultados com erros apreciáveis.

3.2 Recalques imediatos em areia

Nas areias, mesmo homogêneas em termos de granulometria, mineralogia e compacidade, o módulo de deformabilidade não é constante com a profundidade, o que caracteriza o chamado meio elástico não homogêneo. Em geral, devido ao efeito do confinamento, o módulo aumenta com a profundidade em areias.

Se dividirmos em subcamadas pouco espessas, de modo que seja razoável supor um valor constante de E_s para cada uma delas, poderemos tranformá-lo no problema já analisado de multicamadas de MEH, como uma opção para o cálculo de recalque de fundações diretas em solo arenoso. Segundo D'Appolonia et al. (1970), o resultado será razoavelmente satisfatório se cada valor médio for bem escolhido.

Nesse cálculo, poderíamos introduzir um fator de correção para levar em conta que o coeficiente de Poisson não é $\nu = 0,5$, o valor fixado no método da camada finita. Mas, mesmo sem essa correção, mais adiante, no item 3.2.3, demonstramos a sua consistência na estimativa do recalque em areia.

A divisão em subcamadas é a essência do método concebido especialmente para a estimativa de recalques de fundações diretas em areia. Trata-se do método de Schmertmann, que faz uma adaptação da teoria da elasticidade para levar em conta uma variação qualquer do módulo de deformabilidade com a profundidade, tanto na versão inicial de 1970, como na aprimorada em 1978.

3.2.1 Método de Schmertmann (1970)

Dado um carregamento uniforme σ, que atua na superfície de um semiespaço elástico, isotrópico e homogêneo, com módulo de elasticidade E_S, a deformação vertical ε_Z à profundidade z, sob o centro do carregamento, pode ser expressa por:

$$\varepsilon_Z = \frac{\sigma}{E_S} I_Z$$

em que I_Z = fator de influência na deformação.

Por meio de análises teóricas, estudos em modelos, e simulações pelo método dos elementos finitos, o autor pesquisou a variação da deformação vertical ao longo da profundidade, em solos arenosos homogêneos, sob sapatas rígidas. Observou que a deformação máxima não ocorre no contato com a base da sapata, mas a uma profundidade em torno de $z = B/2$ e que, a partir dessa profundidade, as deformações diminuem gradualmente e podem ser desprezadas depois de $z = 2B$, em que B é a largura da sapata.

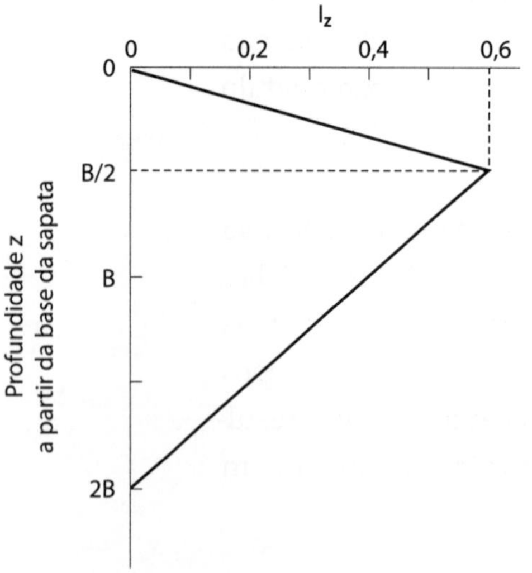

Fig. 3.10 *Fator de influência na deformação vertical (Schmertmann, 1970)*

Em consequência, o autor propõe uma distribuição aproximada do fator de influência na deformação para o cálculo de recalque de sapatas rígidas em areia, apresentada no diagrama triangular da Fig. 3.10.

Esse diagrama representa um "bulbo" de recalques de $z = 2B$, o que coincide com o bulbo de tensões, mas diverge do valor obtido anteriormente de $z = 6B$. Voltaremos a essa questão no item 3.2.3.

a) Embutimento da sapata

Considerando que um maior embutimento da sapata no solo pode reduzir o recalque em até 50%, o que já vimos no método de camada finita, Schmertmann define um fator de correção do recalque (C_1), variando de 1 a 0,5, dado por:

$$C_1 = 1 - 0{,}5\left(\frac{q}{\sigma^*}\right) \geqslant 0{,}5$$

em que,

q = tensão vertical efetiva à cota de apoio da fundação (sobrecarga);

σ^* = **tensão líquida** aplicada pela sapata ($\sigma^* = \sigma - q$).

O uso da tensão líquida é justificável porque a parecela correspondente à sobrecarga q não deve gerar recalque, pelo fato de representar a reposição do alívio de tensões decorrente da escavação para concretagem da sapata ou do tubulão. No caso de sapatas, geralmente rasas, considerar a tensão líquida pouco altera o valor do recalque. Em contraposição, em fundações por tubulões a diferença é considerável.

b) Efeito do tempo

O monitoramento de sapatas em areia mostra que, além do recalque imediato, outra parcela de recalque se desenvolve com o tempo (t), à semelhança da compressão secundária em argila. Por isso, o autor adota um fator de correção C_2 dado por:

$$C_2 = 1 + 0{,}2\log\left(\frac{t}{0{,}1}\right)$$

com t em anos.

Assim, após um ano, por exemplo, os recalques terão aumentado 20%. Esse recalque majorado com o tempo será representado por ρ_d, em que a letra **d** é a inicial de distorção.

No caso de haver interesse apenas pelo recalque imediato (ρ_i), sem o acréscimo do tempo, basta considerar $C_2 = 1$.

c) Formulação

O recalque de sapatas rígidas em areia (ρ_d) é dado pelo somatório dos recalques de **n** subcamadas consideradas homogêneas, na profundidade de 0 a $2B$, incluindo os efeitos do embutimento e do tempo:

$$\rho_d = C_1\, C_2\, \sigma^* \sum_{i=1}^{n} \left(\frac{I_z}{E_s} \Delta z \right)_i$$

em que:

I_z = fator de influência na deformação à meia-altura da i-ésima camada;

E_s = módulo de deformabilidade da i-ésima camada;

Δz = espessura da i-ésima camada.

d) Módulo de deformabilidade

Para a estimativa do módulo de deformabilidade (E_s) de cada camada, o autor apresenta correlações com a resistência de ponta do ensaio de cone (q_c) e com o índice de resistência N_{spt} do SPT, desenvolvidas para as areias da região de Gainsville, na Flórida, EUA.

Em vez delas, usaremos as correlações brasileiras, mencionadas no item 3.6.1.

e) Roteiro de cálculo

1) calcular os valores de q, σ^*, C_1 e C_2;
2) a partir da base da sapata, desenhar o triângulo $2B - 0{,}6$ para o fator de influência;
3) no intervalo de 0 a $2B$ abaixo da sapata, dividir o perfil q_c (ou N_{spt}) num número conveniente de subcamadas, cada uma com E_s constante (é necessária uma divisão que passe por $B/2$, o vértice do triângulo, e, além disso, a espessura máxima das subcamadas deve ser igual a $B/2$);
4) preparar uma tabela com seis colunas: número da camada, Δz, I_z, q_c (ou N_{spt}), E_s, e $I_z \Delta z / E_s$;
5) encontrar o somatório dos valores da última coluna e multiplicá-lo por C_1, C_2, e σ^* (sugerimos o uso das unidades em MPa para q_c, σ^* e E_s, e em mm para Δz, resultando o recalque final em mm, com uma decimal no máximo).

3.2.2 Método de Schmertmann (1978)

Schmertmann (1978) introduz aperfeiçoamentos no seu método, confirmados por Schmertmann et al. (1978), com o objetivo principal de separar os casos de sapata corrida (deformação plana) de sapata quadrada (assimetria). Essa nova versão substitui a original, que foi vista com a finalidade didática de começar pelo mais simples.

Dois novos diagramas são propostos para a distribuição do fator de influência na deformação (Fig. 3.11), com três novidades: 1ª) o "bulbo" de recalques maior para sapatas corridas; 2ª) o valor inicial de I_Z diferente de zero; e 3ª) o valor de $I_{Z\,máx}$ não é fixo e não ocorre na mesma profundidade, em sapata quadrada ou corrida.

O valor máximo de I_Z, que ocorre à profundidade de ¼ do "bulbo" de recalques, isto é, $z = B/2$ para sapata quadrada e $z = B$ para sapata corrida, é dado pela expressão:

$$I_{Z\,máx} = 0,5 + 0,1\sqrt{\frac{\sigma^*}{\sigma_V}}$$

em que σ_V = tensão vertical efetiva na profundidade correspondente a $I_{Z\,máx}$.

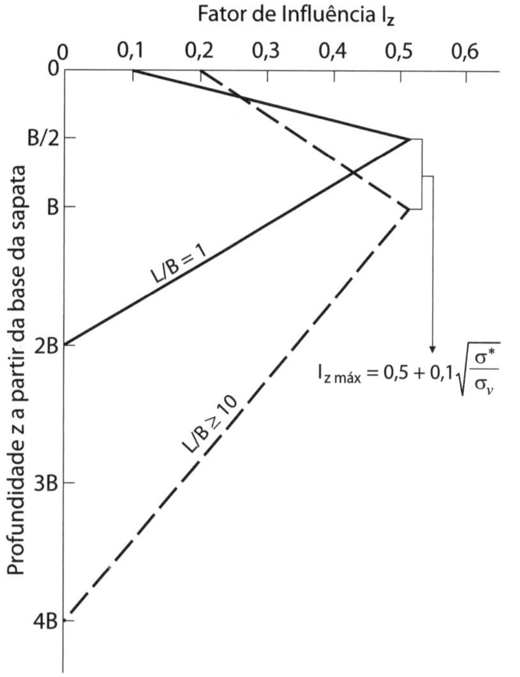

Fig. 3.11 *Fator de influência na deformação vertical (Schmertmann, 1978)*

Portanto, o valor de $I_{Z\,máx}$ aumenta com a tensão líquida aplicada pela sapata. Quando a relação σ^*/σ_V cresce de 1 para 10, por exemplo, o valor de $I_{Z\,máx}$ passa de 0,60 para 0,82.

Para sapatas intermediárias ($1 < L/B < 10$), podemos construir um diagrama interpolado, em que o "bulbo" de recalques atinja a profundidade dada por:

$$z/B = 2\,[1 + \log(L/B)]$$

Apesar de proposto originalmente para sapatas, o método de Schmertmann também pode ser utilizado em tubulões, pois leva em conta o efeito da profundidade de embutimento da base. Como a base dos tubulões geralmente é circular, devemos calcular o lado de um quadrado de área equivalente para valer o diagrama de $L/B = 1$.

3.2.3 "Bulbo" de recalques em areias

Assim como fizemos para o meio elástico homogêneo, vamos encontrar analiticamente a profundidade do "bulbo" de recalques no caso do meio de Gibson ($E_s = k\,z$).

Para isso, consideremos uma sapata quadrada, de lado B, apoiada na superfície de um maciço de areia dividido em subcamadas de espessura $0{,}5B$. Vamos obter o recalque de cada subcamada pelo método da sapata fictícia.

Já temos:

$$\rho_i = \mu_0 \cdot \mu_1 \cdot \frac{\sigma \cdot B}{E_s}$$

com $h = 0 \rightarrow \mu_0 = 1{,}00$

Preparemos uma tabela com os valores necessários para o cálculo de recalques das subcamadas (Tab. 3.2) e, finalmente, verifiquemos as espessuras duplicadas a partir de $0{,}5B$ (subcamada 1): B (subcamadas 1 e 2) e $2B$ (subcamadas 1 a 4).

Tab. 3.2 Valores preparatórios para a estimativa de recalque das subcamadas

Subcamada	H	z	$B+z$	$H/(B+z)$	μ_1	$\Delta\sigma$	$E_{s\,med}$
1	0,5 B	0	B	0,50	0,30	σ	0, 25 k B
2	0,5 B	0,5 B	1,5 B	0,33	0,23	0,44 σ	0,75 k B
3	0,5 B	1 B	2 B	0,25	0,18	0,25 σ	1,25 k B
4	0,5 B	1,5 B	2,5 B	0,20	0,13	0,16 σ	1,75 k B

a) subcamada 1

$$\rho_1 = 1{,}00 \cdot 0{,}30 \cdot \frac{\sigma \cdot B}{0{,}25\,k\,B} = 1{,}20\frac{\sigma}{k}$$

b) subcamada 2

$$\rho_2 = 1{,}00 \cdot 0{,}23 \cdot \frac{0{,}44\,\sigma \cdot 1{,}5\,B}{0{,}75\,k\,B} = 0{,}20\frac{\sigma}{k}$$

Verificação:

$$\frac{\rho_2}{\rho_1 + \rho_2} = 14\%$$

c) subcamada 3

$$\rho_3 = 1{,}00 \cdot 0{,}18 \cdot \frac{0{,}25\,\sigma \cdot 2B}{1{,}25\,k\,B} = 0{,}07\frac{\sigma}{k}$$

d) subcamada 4

$$\rho_4 = 1{,}00 \cdot 0{,}13 \cdot \frac{0{,}16\,\sigma \cdot 2{,}5\,B}{1{,}75\,k\,B} = 0{,}03\frac{\sigma}{k}$$

Verificação:

$$\frac{\rho_3 + \rho_4}{\rho_1 + \rho_2 + \rho_3 + \rho_4} = 7\% < 10\% \rightarrow \text{ ok!}$$

Portanto, neste caso o "bulbo" de recalques está à profundidade $z = 2B$, o que coincide com o diagrama de Schmertmann (para sapata quadrada), mas é bem diferente do encontrado no item 3.1.3 para meio elástico homogêneo ($z = 6B$).

Como vimos no meio elástico linearmente não homogêneo, o módulo de deformabilidade tem por equação geral: $E_s = E_o + k\,z$, do qual o meio de Gibson e o MEH são casos particulares extremos. Assim, podemos inferir que, em qualquer solo que for válida essa equação geral para E_s, o "bulbo" de recalques para sapatas quadradas estará entre $2B$ e $6B$.

Para o recalque total, temos:

$$\rho_i = \rho_1 + \rho_2 + \rho_3 + \rho_4 = 1{,}50\frac{\sigma}{k}$$

a mesma expressão demonstrada teoricamente por Gibson (1967), o que atesta a consistência desse procedimento para a estimativa de recalque em areia.

3.3 Prova de carga em placa

Além da forma analítica ou teórica para a previsão de recalques imediatos de sapatas ou tubulões, também temos o método experimental, por meio de provas de carga em placa realizadas na etapa de projeto da fundação. Pela norma americana, essa placa é quadrada, com lado de 0,30 m, mas no Brasil é circular, rígida, de aço, com diâmetro de 0,80 m. Mesmo assim, constitui um modelo reduzido da base das sapatas e tubulões, cujo lado ou diâmetro geralmente é 3 a 5 vezes maior do que o da placa.

No capítulo anterior, apresentamos duas curvas de tensão × recalque típicas, obtidas em ensaio de placa na argila porosa na cidade de São Paulo e na areia argilosa porosa em São Carlos, SP (Figs. 2.17 e 2.18, respectivamente).

Nas duas figuras, constatamos que a linearidade entre tensão e recalque deixa de ser uma aproximação razoável para tensões superiores a cerca de metade da tensão de ruptura. Portanto, as equações oriundas da Teoria da Elasticidade Linear são aplicáveis apenas até a tensão correspondente a cerca de metade da capacidade de carga.

Mesmo nesse trecho inicial de comportamento linear, se efetuarmos o descarregamento, teremos um recalque permanente, em geral próximo do recalque máximo alcançado, pois o solo não é elástico. Por isso, é um equívoco comum na análise de curvas obtidas em provas de carga, a interpretação de haver uma primeira fase de comportamento elástico. É a habitual confusão entre linearidade e elasticidade.

Nas curvas tensão × recalque dos ensaios de placa, para cada nível de tensão de interesse temos o valor experimental do recalque correspondente na placa (modelo reduzido). O passo seguinte é estimar o recalque da sapata (o protótipo).

Temos, assim, o problema da extrapolação do recalque obtido na placa para o recalque da sapata, para uma mesma tensão aplicada. De outra forma, precisamos quantificar o efeito do aumento da dimensão (lado ou diâmetro) nos recalques.

Para a análise da relação modelo × protótipo, vamos considerar uma placa e uma sapata, ambas circulares e apoiadas à superfície do maciço de solo, com diâmetros B_p e B_f, respectivamente, de modo que:

$$\frac{B_f}{B_p} = n \quad (\text{com } n > 1)$$

Sapatas retangulares ou de formas irregulares podem ser substituídas por uma sapata circular fictícia de área equivalente. A relação modelo × protótipo implica uma mesma proporção tanto entre os bulbos de tensões, conforme o esquema da Fig. 3.12, como entre os "bulbos" de recalque.

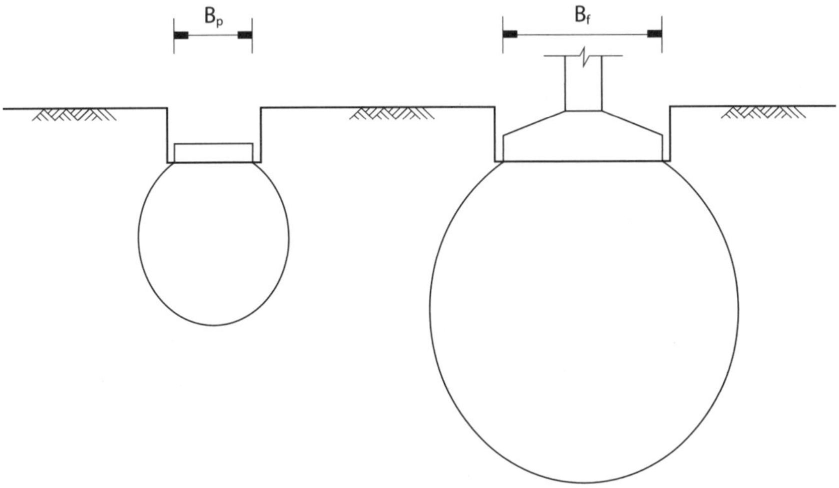

Fig. 3.12 *Relação modelo × protótipo*

Quanto ao maciço de solo, vamos levar em conta, separadamente, as hipóteses de meio elástico homogêneo ou linearmente não homogêneo.

3.3.1 Argila sobreadensada

No MEH, como as argilas sobreadensadas, vimos a equação da Teoria da Elasticidade Linear para o cálculo do recalque imediato. Aplicando-a para uma placa e uma sapata, ambas com a mesma rigidez e forma geométrica, encontramos, respectivamente, as seguintes expressões para o recalque imediato da placa (ρ_p) e da sapata (ρ_f):

$$\rho_p = \sigma\, B_p \left[\frac{1-\nu^2}{E_s}\right] I_\rho \qquad \rho_f = \sigma\, B_s \left[\frac{1-\nu^2}{E_s}\right] I_\rho$$

em que o módulo de deformabilidade, o coeficiente de Poisson e o fator de influência não variam. Logo, para um mesmo nível de tensão, temos:

$$\frac{\rho_f}{\rho_p} = \frac{B_f}{B_p} \quad \rightarrow \quad \rho_f = n \cdot \rho_p$$

ou seja, o recalque aumenta na mesma proporção das dimensões. Assim, numa sapata três vezes maior do que a placa, por exemplo, os recalques serão o triplo dos da placa, para uma mesma tensão aplicada. O mesmo não ocorre em termos de capacidade de carga. Considerando uma placa ou sapata circular, apoiada à superfície desse tipo de solo ($\phi = 0$), temos $S_c = 1{,}2$, $q = 0$ e $N_c = 5{,}14$ e, consequentemente,

$$\sigma_r = c \cdot 5{,}14 \cdot 1{,}2 \quad \rightarrow \quad \sigma_r = 6{,}15c$$

ou seja, a capacidade de carga independe da dimensão e, assim, o seu valor é o mesmo nos sistemas placa-solo e sapata-solo, qualquer que seja o tamanho da sapata.

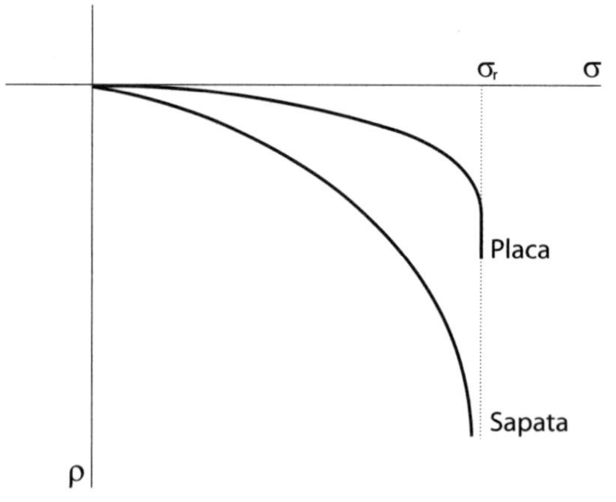

Fig. 3.13 *Provas de carga em placa e sapata, em MEH (adaptado de Taylor, 1946)*

Reunindo essas duas conclusões sobre recalque e capacidade de carga, ilustramos qualitativamente, na Fig. 3.13, a comparação das curvas tensão × recalque de provas de carga em placa e em sapata.

Nessa figura, se adimensionalizarmos os recalques (ρ/B, em vez de ρ), obteremos uma curva tensão × recalque única, caracterizando que não há **efeito escala** no meio elástico homogêneo, apenas **efeito de dimensão**.

3.3.2 Areia

No meio elástico não homogêneo, como as areias em geral, os recalques não aumentam na proporção direta com a dimensão, pois o módulo de deformabilidade não é constante com a profundidade. No caso mais comum, em que o módulo aumenta com a profundidade, temos subcamadas cada vez menos compressíveis sob a base da placa, resultando em recalques inferiores àqueles do caso do item anterior, no qual vale a proporção direta.

A variabilidade do módulo com a profundidade torna complexo o problema da extrapolação do recalque de uma placa de tamanho padrão (modelo reduzido) para o recalque de sapatas (protótipos).

a) Fórmula de Terzaghi-Peck

Uma tentativa pioneira para extrapolar recalque em areia é a equação empírica apresentada por Terzaghi e Peck (1948, 1967):

$$\rho_f = \rho_p \left(\frac{2B_f}{B_f + 0{,}30} \right)^2$$

em que ρ_p é o recalque de uma placa quadrada de 0,30 m de lado (norma americana) e ρ_f é o recalque da sapata quadrada com largura B_f (em metros), para uma mesma tensão.

De acordo com essa equação, o recalque de uma sapata, por maior que seja a sua largura, será sempre inferior a quatro vezes o recalque da placa de 0,30 m, para a mesma tensão de referência.

A equação de Terzaghi-Peck foi generalizada por Sowers (1962) para extrapolar o recalque obtido em placa quadrada de qualquer dimensão (B_p) para uma sapata quadrada de lado B_f:

$$\rho_f = \rho_p \left[\frac{B_f \left(B_p + 0{,}30\right)}{B_p \left(B_f + 0{,}30\right)} \right]^2$$

Entretanto, estudos de casos apresentados por Bjerrum e Eggestad (1963, *apud* Perloff e Baron, 1976) mostram uma grande dispersão na correlação entre o recalque da sapata e da placa de 0,30 m, afetada pela compacidade e granulometria da areia, de acordo com a Fig. 3.14, em que o fator β caracteriza a relação entre os recalques da sapata e da placa, para uma mesma tensão aplicada:

$$\beta = \frac{\rho_f}{\rho_p}$$

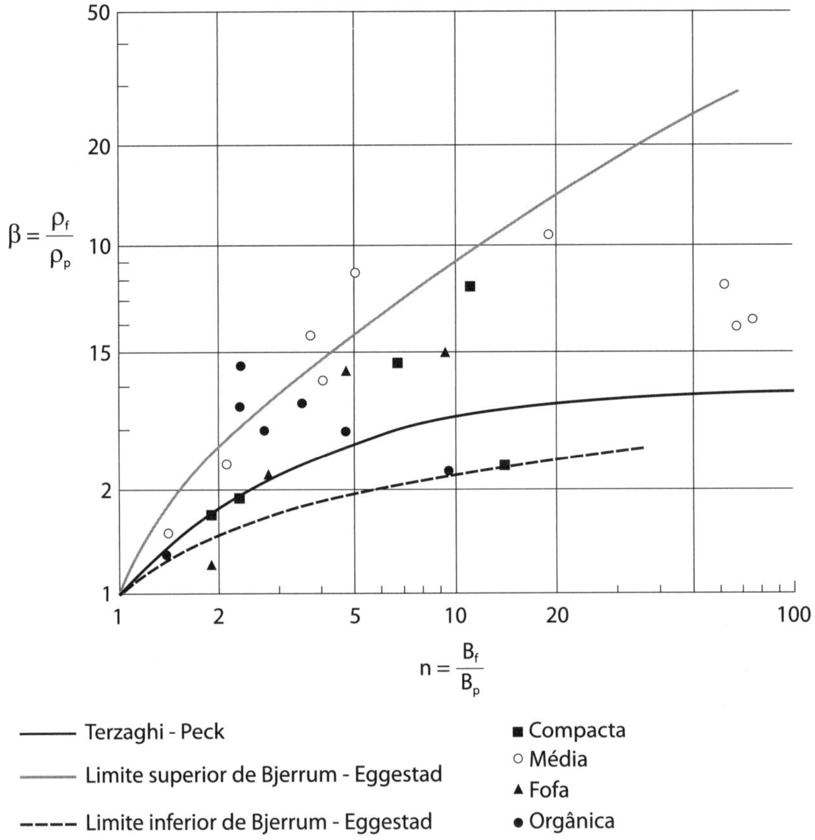

Fig. 3.14 *Extrapolação de recalque de placa para sapata, em areias (Perloff e Baron, 1976)*

Com base nos limites inferior e superior estabelecidos nessa figura, podemos constatar que a equação de Terzaghi-Peck para a extrapolação de recalques de placas para sapatas, em areia, pode subestimar em muito os recalques das sapatas.

A inaplicabilidade dessas equações decorre do fato de considerarem apenas a variável geométrica, sem levar em conta a lei de variação do módulo de deformabilidade da areia com a profundidade.

b) Função módulo de deformabilidade

Considerando a areia como meio linearmente não homogêneo, a função módulo de deformabilidade (E_S) com a profundidade (z) pode ser expressa por: $E_S = E_O + k\,z$, em que E_O e k são constantes.

No caso particular de $E_O = 0$, ou seja, $E_S = k\,z$, os recalques da placa e da sapata serão absolutamente iguais para uma mesma tensão aplicada, pois o aumento de B é compensado pelo aumento de E_S, ao passarmos da placa para a sapata.

A invariabilidade do recalque com a dimensão, nesse caso, foi demonstrada por Gibson (1967), ao deduzir que a equação para o recalque imediato não contempla a variável B:

$$\rho_i = 1,5\frac{\sigma}{k}$$

Dada a relevância dessa conclusão, a ocorrência de $E_S = k\,z$ passou a ser denominada meio de Gibson.

No outro extremo, com $k = 0$, isto é, $E_S = E_o$ (constante com a profundidade), retornamos ao caso visto de meio elástico homogêneo, em que os recalques são diretamente proporcionais à dimensão.

Então, com o módulo de deformabilidade oscilando entre essas duas condições, o recalque da sapata estará compreendido entre o próprio recalque da placa e o valor dado pela proporção direta do aumento da dimensão para uma mesma tensão. Numa sapata três vezes maior do que a placa, por exemplo, o recalque da sapata estará entre uma e três vezes o recalque da placa. Assim,

$$E_o \to 0 : \rho_f \approx \rho_p$$

$$k \to 0 : \rho_f \approx n \cdot \rho_p$$

$$E_o \neq 0 \text{ e } k \neq 0 : \rho_p < \rho_f < n \cdot \rho_p$$

Portanto, fora das condições extremas, conhecemos apenas os limites do intervalo de variação para o valor do recalque da sapata, o que é insuficiente para problemas de engenharia. É necessário um meio racional para fazer a previsão do valor de β em cada caso, de modo a podermos estimar o recalque da sapata:

$$\rho_f = \beta\,\rho_p$$

No próximo item, trataremos da solução desse caso.

Antes, analisemos o que ocorre em termos de capacidade de carga. Considerando uma placa ou sapata circular, apoiada à superfície desse tipo de solo ($c = 0$), temos $q = 0$ e $S_\gamma = 0{,}60$ e, consequentemente,

$$\sigma_r = \frac{1}{2}\gamma B N_\gamma 0{,}60 \quad \rightarrow \quad \sigma_r = 0{,}30\gamma B N_\gamma$$

Portanto, para solos puramente arenosos ($c = 0$), a capacidade de carga é linearmente crescente com B.

Reunindo as duas conclusões sobre recalque e capacidade de carga, ilustramos qualitativamente na Fig. 3.15 a comparação das curvas tensão × recalque de provas de carga em placa e em sapata.

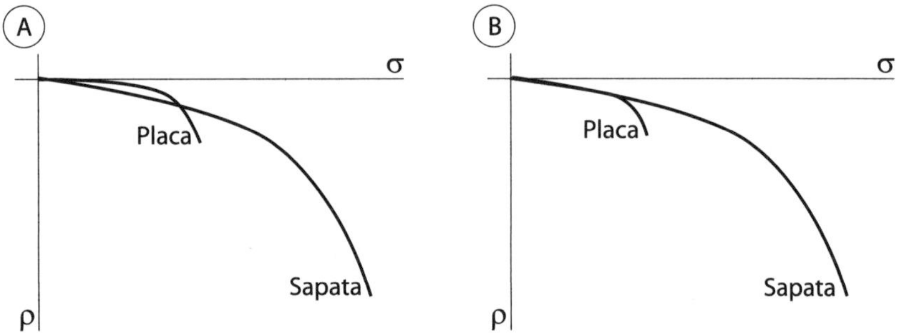

Fig. 3.15 *Provas de carga em placa e sapata, em areia (modificado de Taylor, 1946): a) curvas tensão × recalque típicas; b) caso particular de* $E_s = kz$.

Nesse caso, a adimensionalização do eixo dos recalques não conduz a uma curva única, o que implica haver efeito escala.

c) A solução de Cintra et al. (2005)

Cintra et al. (2005) apresentam uma solução ao problema da extrapolação do recalque em areia, para sapatas quadradas apoiadas à superfície, considerando que o módulo de deformabilidade segue a função:

$$E_s = E_o + kz$$

Utilizando o método de Schmertmann (1970) para diferentes relações

$$\frac{E_o}{k} \text{ (com unidades em metros)}$$

os autores estabelecem gráficos adimensionais para β (a relação entre recalques) em função de n (a relação entre dimensões), os quais são apresentados na Fig. 3.16, juntamente com a curva correspondente à fórmula de Sowers (1962). Nessa figura, constatamos que os gráficos estão compreendidos num quadrante delimitado pela horizontal, $\beta = 1$ (caso: $E_o = 0 \rightarrow E_s = kz$), e pela reta de 45°, $\beta = n$ (caso: $k = 0 \rightarrow E_s = E_o$).

Dessa forma, sempre que for possível a consideração de meio elástico linearmente não homogêneo com a correspondente estimativa de E_o e de k e, portanto, da relação E_o/k, a Fig. 3.16 possibilitará a extrapolação do recalque da placa para a sapata.

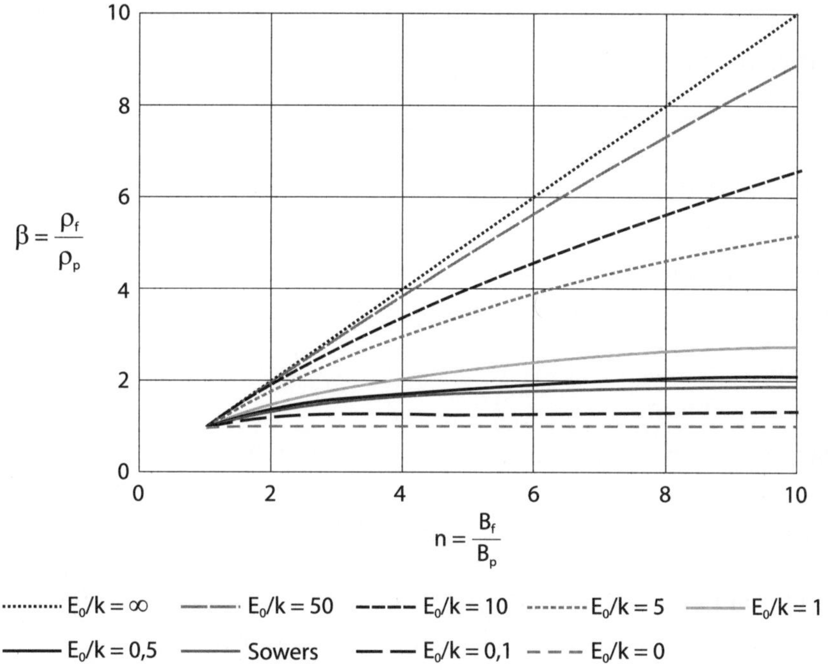

Fig. 3.16 *Extrapolação do recalque da placa para sapatas quadradas à superfície, para diversas relações E_o/k (m) (Cintra et al., 2005)*

Logo, essa solução é aplicável não somente a areias, como também a qualquer tipo de solo c-ϕ, desde que o seu módulo de deformabilidade possa ser aproximado pela função linear:

$$E_s = E_o + kz$$

3.3.3 Coeficiente de reação do solo

Obtida a curva tensão × recalque no ensaio de placa, podemos ajustar o seu trecho inicial por uma reta e definir o **coeficiente**

de reação do solo (k_S), ou **coeficiente de recalque**, como sendo o coeficiente angular dessa reta:

$$k_S = \frac{\sigma}{\rho} \qquad \text{(MPa/m)}$$

Esse parâmetro é muito valorizado pelos engenheiros de estruturas, que preferem chamá-lo de **coeficiente de mola**. Mas nem sempre é lembrado que, conforme o tipo de solo, o valor de k_S pode ser afetado pelas relações modelo × protótipo entre a placa e a sapata.

No meio de Gibson ($E_S = kz$), os recalques não variam com a dimensão (Fig. 3.15b) e, assim, o coeficiente de mola para a sapata é o mesmo para a placa:

$$k_{S\,\text{sapata}} = k_{S\,\text{placa}}$$

No outro extremo, de meio elástico homogêneo ($E_S = E_O$ = constante com a profundidade), os recalques da sapata aumentam com a proporção das dimensões (Fig. 3.13) e, assim, o coeficiente de mola deve diminuir na mesma proporção:

$$k_{S\,\text{sapata}} = \frac{1}{n} k_{S\,\text{placa}}$$

Para solos intermediários ($E_S = E_O + kz$, com $E_O \cdot k \neq 0$), temos:

$$k_{S\,\text{sapata}} = \left(\frac{1}{n} \text{ a } 1\right) k_{S\,\text{placa}}$$

cuja resposta, caso a caso, pode ser obtida no gráfico da Fig. 3.16, mas com o inverso da relação entre os recalques:

$$k_{S\,\text{sapata}} = \frac{1}{\beta} k_{S\,\text{placa}}$$

3.3.4 Módulo de Deformabilidade

Da curva tensão × recalque obtida no ensaio de placa, podemos inferir o módulo de deformabilidade do solo para o caso de meio elástico homogêneo.

Reescrevendo a equação da teoria da elasticidade para o recalque em MEH, com camada semi-infinita, encontramos:

$$E_S = \frac{\sigma}{\rho_i} B(1 - \nu^2) I_\rho$$

Para $\nu = 0,5$ e placa circular rígida ($B = 0,80\,\text{m}$ e $I_\rho = 0,79$), resulta:

$$E_s = 0,48\frac{\sigma}{\rho_i}$$

Então, adotando um trecho linear inicial para a curva tensão × recalque, do qual tomamos um ponto qualquer (σ; ρ_i), teremos o valor de E_s. De outro modo, podemos reescrever a equação de E_s como:

$$E_s = 0,48k_{s\,\text{placa}}$$

o que estabelece uma relação entre E_s e $k_{s\,\text{placa}}$.

Essa determinação experimental de E_s só é válida em MEH, em que E_s não varia com a profundidade. Nas areias, não podemos considerar o módulo de deformabilidade, que é função da profundidade, como um valor único.

3.4 Tolerânica a recalques

A NBR 6122/1996, da ABNT, lembrava que a tensão admissível depende da sensibilidade da construção aos recalques, especialmente os recalques diferenciais específicos (ou *distorção angular*), os quais, de ordinário, podem prejudicar sua estabilidade ou funcionalidade.

3.4.1 Distorção angular

Com base em observações de cerca de uma centena de edifícios, Skempton e MacDonald (1956, *apud* Burland et al., 1977) associam a ocorrência de danos a valores limites para a distorção angular δ/ℓ, em que δ é o recalque diferencial entre dois pilares e ℓ a distância entre eles. De forma resumida, os valores limites de Skempton-MacDonald são os seguintes:

$\delta/\ell = 1{:}300$ – trincas em paredes de edifícios
$\delta/\ell = 1{:}150$ – danos estruturais em vigas e colunas de edifícios correntes

Também temos as indicações de Bjerrum (1963, *apud* Novais Ferreira, 1976), mas relações desse tipo devem ser vistas com cautela, pois a distorção angular deve depender de vários fatores: tipo e características do solo; tipo da fundação; tipo, porte, função e rigidez da superestrutura; e propriedades dos materiais empregados. Além disso, a ocorrência de recalque provoca a redistribuição de esforços na superestrutura, o que modifica os recalques e, assim, constitui a chamada interação solo-estrutura.

3.4.2 Recalques totais limites

De acordo com Teixeira e Godoy:

> Teoricamente, uma estrutura que sofresse recalques uniformes não sofreria danos, mesmo para valores exagerados do recalque total. Na prática, no entanto, a ocorrência de recalque uniforme não acontece, havendo sempre recalques diferenciais decorrentes de algum tipo de excentricidade de cargas, ou heterogeneidade do solo. A limitação do recalque total é uma das maneiras de limitar o recalque diferencial.
> (Teixeira; Godoy, 1996, p. 262)

Para estruturas usuais de aço ou concreto, Burland et al. (1977) consideram aceitáveis como valores limites, em casos rotineiros, as seguintes recomendações de Skempton-MacDonald para valores de recalques diferenciais e de recalques totais limites:

Areias: $\delta_{máx} = 25\,mm$
$\rho_{máx} = 40\,mm$ para sapatas isoladas
$\rho_{máx} = 40$ a $65\,mm$ para *radiês*

Argilas: $\delta_{máx} = 40\,mm$
$\rho_{máx} = 65\,mm$ para sapatas isoladas
$\rho_{máx} = 65$ a $100\,mm$ para *radiês*

Teixeira e Godoy chamam a atenção para o fato de que "esses valores não se aplicam aos casos de prédios em alvenaria portante, para os quais os critérios devem ser mais rigorosos". Acrescentam que

> é importante saber distinguir os casos rotineiros daqueles que requerem uma análise mais criteriosa do problema de recalques (edifícios altos com corpos de alturas diferentes, vãos grandes, vigas de grande inércia, acabamentos especiais etc.).
> (Teixeira; Godoy, 1996, p. 262)

Os danos causados por movimentos de fundações são agrupados por Skempton-MacDonald (*apud* Teixeira e Godoy, 1996) em três categorias principais:

1) **Danos arquitetônicos**, ou à aparência visual da construção, são visíveis ao observador comum e causam algum tipo de desconforto: trincas em paredes, recalques de pisos, desaprumo de edifícios etc.

2) **Danos à funcionalidade** ou ao uso da construção. O desaprumo de um edifício pode causar problemas de desgaste excessivo de elevadores e inverter declividades de pisos e tubulações. Recalques totais excessivos podem inverter declividade ou mesmo romper tubulações, prejudicar o acesso etc. Recalques diferenciais podem causar o emperramento de portas e janelas, causar trincas por onde pode passar umidade etc.

3) **Danos estruturais** são os causados à própria estrutura e podem comprometer sua estabilidade.

3.4.3 Recalque admissível

Com base em um estudo de casos, Terzaghi e Peck (1967) concluem que, para sapatas contínuas carregadas uniformemente e sapatas isoladas de aproximadamente mesmas dimensões, em areias o recalque diferencial geralmente não excede 50% do maior recalque observado.

Sob condições extremas, que envolvem tamanhos muito diferentes de sapatas e embutimentos no terreno, o recalque diferencial não excede 75% do maior recalque. Normalmente, é bem menor do que isso.

Esses autores afirmam que a maioria das estruturas comuns, como de edifícios de escritório, residenciais e industriais, pode sofrer um recalque diferencial de cerca de 20 mm entre pilares adjacentes. Então, esse recalque diferencial não será excedido se a maior sapata recalcar até 25 mm, mesmo se apoiada na parte mais compressível do depósito de areia.

Concluindo, Terzaghi e Peck (1967) recomendam valores admissíveis para o recalque diferencial e recalque total para sapatas em areia de, respectivamente:

$$\delta_a \cong 20\,\text{mm} \qquad \text{e} \qquad \rho_a = 25\,\text{mm}$$

3.5 Parâmetros de compressibilidade

Vejamos correlações para a estimativa do módulo de deformabilidade e uma tabela com valores do coeficiente de Poisson, os parâmetros de compressibilidade do solo necessários à estimativa de recalques de fundações diretas.

3.5.1 Módulo de deformabilidade

Sem dispor de ensaios de laboratório para a determinação do módulo de deformabilidade do solo (E_s), podemos utilizar correlações com a resistência de ponta do cone (q_c) ou com o índice de resistência à penetração (N_{spt}) da sondagem SPT, como, por exemplo, as apresentadas por Teixeira e Godoy (1996):

$$E_s = \alpha q_c$$

e

$$E_s = \alpha K N_{spt}$$

com $q_c = K N_{spt}$, em que o fator α e o coeficiente **K** dependem do tipo de solo (Tabs. 3.3 e 3.4). Sugerimos a interpolação de valores da Tab. 3.3 para outros tipos de solo.

Tab. 3.3 Fator α de correlação de E_s com q_c (Teixeira e Godoy, 1996)

Solo	α
areia	3
silte	5
argila	7

Tab. 3.4 Coeficiente K de correlação entre q_c e N_{spt} (Teixeira e Godoy, 1996)

Solo	K (MPa)
areia com pedregulhos	1,1
areia	0,9
areia siltosa	0,7
areia argilosa	0,55
silte arenoso	0,45
silte	0,35
argila arenosa	0,3
silte argiloso	0,25
argila siltosa	0,2

Observamos que, para areias ($\alpha = 3$), a correlação de E_s com q_c resulta em:

$$E_s = 3q_c$$

que é comparável às recomendações de Schmertmann (1978):

$E_s = 2{,}5q_c$ para sapatas quadradas ou circulares ($L/B = 1$)

$E_s = 3{,}5q_c$ para sapatas corridas ($L/B \geqslant 10$)

Para sapatas intermediárias ($1 < L/B < 10$), podemos considerar:

$$E_s = 2{,}5\,[1 + 0{,}4\log(L/B)]\,q_c$$

De acordo com D'Appolonia et al. (1970), a presença do lençol freático pode ser ignorada, porque seu efeito no módulo de deformabilidade é refletido na obtenção de N_{spt}.

3.5.2 Coeficiente de Poisson

Teixeira e Godoy (1996) também apresentam valores típicos para o coeficiente de Poisson do solo (ν), reproduzidos na Tab. 3.5.

Tab. 3.5 Coeficiente de Poisson (Teixeira e Godoy, 1996)

Solo	ν
areia pouco compacta	0,2
areia compacta	0,4
silte	0,3-0,5
argila saturada	0,4-0,5
argila não saturada	0,1-0,3

3.6 Síntese do capítulo

Os recalques de fundações são definidos como deslocamentos verticais para baixo, referenciados a uma superfície indeslocável. Além do recalque de adensamento, que é função do tempo, também ocorre o recalque imediato, quase instantaneamente à aplicação do carregamento.

Na estimativa dos recalques imediatos de fundações diretas, utilizamos a Teoria da Elasticidade Linear, embora os maciços de solo não apresentem comportamento elástico. Vale a hipótese da linearidade no comportamento tensão × deformação até cerca de metade da capacidade de carga.

Na Teoria da Elasticidade, um meio é considerado homogêno quando apresenta módulo de deformabilidade constante com a profundidade, como as argilas sobreadensadas, e, ao contrário, não homogêneo, como as areias de modo geral. Neste último, se o módulo apresentar uma variação linear com a profundidade, do tipo $E_s = E_o +$

kz, então passa a ser designado meio elástico linearmente não homogêno. Essa função engloba dois casos particulares e extremos:

$$E_o = 0 \rightarrow E_S = kz \qquad \text{(meio de Gibson)}$$
$$k = 0 \rightarrow E_S = E_o \qquad \text{(o próprio MEH)}$$

Para o meio elástico homogêneo, vimos a fórmula da Teoria da Elasticidade Linear para a estimativa de recalque de uma camada semi-infinita e a sua adaptação para o caso de uma camada de espessura finita. Se tivermos multicamadas, cada uma com seu valor de E_S, calculamos o recalque da primeira como no caso de camada finita e, a partir da segunda, consideramos uma sapata fictícia no topo da subcamada, cuja base supostamente é indeslocável. Esse método para multicamadas poderá ser empregado no caso de camada(s) com E_S variável, com o artifício da divisão em subcamadas com espessura máxima igual a B.

O método de Schmertmann, adaptado da Teoria da Elasticidade para o cálculo de recalque em areia, tem uma versão original mais simples de 1970 e outra aprimorada de 1978. Vimos a primeira como recurso didático para entender mais facilmente a segunda, que será a usada. Na subdivisão em subcamadas, a espessura máxima considerada deve ser $B/2$.

Os métodos teóricos de estimativa de recalques imediatos em sapatas, de multicamadas e de Schmertmann, podem ser utilizados no cálculo de recalques em tubulões, uma vez que levam em conta o efeito da profundidade de embutimento da base.

Definimos como "bulbo" de recalques a profundidade para a qual as camadas sobrejacentes sofrem mais de 90% do recalque total. Esse "bulbo" está compreendido entre $2B$ (meio de Gibson) e $6B$ (meio elástico homogêneo). Então, exceto no meio de Gibson, os recalques não podem ser calculados apenas para as camadas presentes no bulbo de tensões ($H = 2B$). Devemos prosseguir até a camada que apresentar uma contribuição praticamente desprezível.

Como meio experimental de estimativa de recalques, temos a prova de carga em placa (modelo reduzido), que traz o problema da extrapolação do recalque obtido na placa para o recalque a ocorrer na sapata (protótipo). No meio elástico homogêneo, o recalque na sapata é n vezes o recalque de uma placa de dimensão n vezes menor do que a sapata. No meio de Gibson, o recalque da sapata é igual ao da placa, não importando o tamanho da sapata. Nos outros casos ($E_o \cdot k \neq 0$), o recalque da sapata fica compreendido entre 1 e n vezes o recalque da placa, e a solução é dada pelos gráficos adimensionais de Cintra et al. (2005).

Da curva tensão × recalque da prova de carga em placa, podemos obter o coeficiente de recalque ou coeficiente de mola (k_s) ajustando à curva um trecho linear inicial, mas submetendo o valor encontrado à relação modelo × protótipo para aplicar em fundações. Em termos de módulo de deformabilidade, somente no caso de MEH o seu valor pode ser obtido pela prova de carga em placa.

Exercícios resolvidos

1) Estimar o recalque imediato da sapata indicada na figura à direita, considerada rígida, com $B = L = 3\,\text{m}$, aplicando ao solo a tensão $\sigma = 0{,}2\,\text{MPa}$.

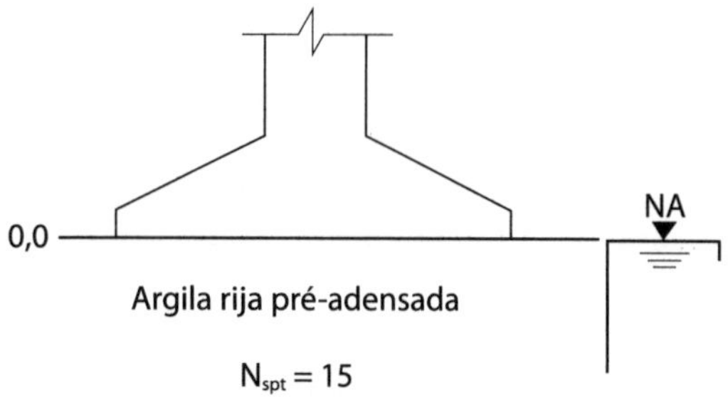

Como se trata de camada semi-infinita com E_s constante com a profundidade, usamos a Teoria da Elasticidade:

$$\rho_i = \sigma B \left[\frac{1-\nu^2}{E_s} \right] I_\rho$$

(com B em mm e σ e E_s na mesma unidade, o recalque resulta em mm).

sapata rígida → $I_\rho = 0{,}99$
argila saturada → $\nu = 0{,}5$

$E_s = \alpha K N_{\text{spt}}$
argila: Tab. 3.3 → $\alpha = 7$
Tab. 3.4 → $K = 0{,}15$ MPa (valor extrapolado)
$E_s = 7 \cdot 0{,}15 \cdot 15 \cong 16$ MPa (número inteiro para E_S em MPa)

$$\rho_i = 0{,}2 \cdot 3.000 \cdot \left[\frac{1 - 0{,}5^2}{16}\right] \cdot 0{,}99 = 27{,}8\,\text{mm}$$

(uma só decimal, no máximo, para recalques em milímetros).

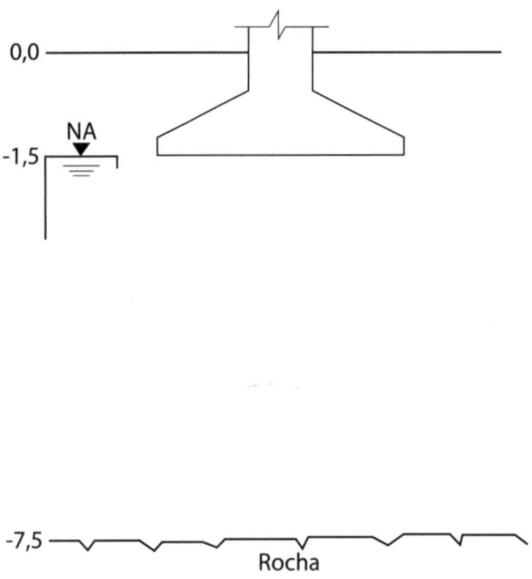

Fig. 3.17 *Exercício 2*

2) Estimar o recalque imediato da mesma sapata do exercício anterior, mas agora apoiada à cota −1,5 m e com o indeslocável (topo rochoso) à cota −7,5 m (Fig. 3.17).

Trata-se de camada finita com E_s constante, então:

$$\rho_i = \mu_0\, \mu_1 \frac{\sigma B}{E_s}$$

$h/B = 1{,}5/3 = 0{,}5$ e $L/B = 1$
→ $\mu_0 = 0{,}86$
$H/B = 6/3 = 2$ e $L/B = 1 \rightarrow \mu_1 = 0{,}56$

$$\rho_i = 0{,}86 \cdot 0{,}56 \frac{0{,}2 \cdot 3.000}{16} = 18{,}1$$
$$= 18{,}1\,\text{mm}$$

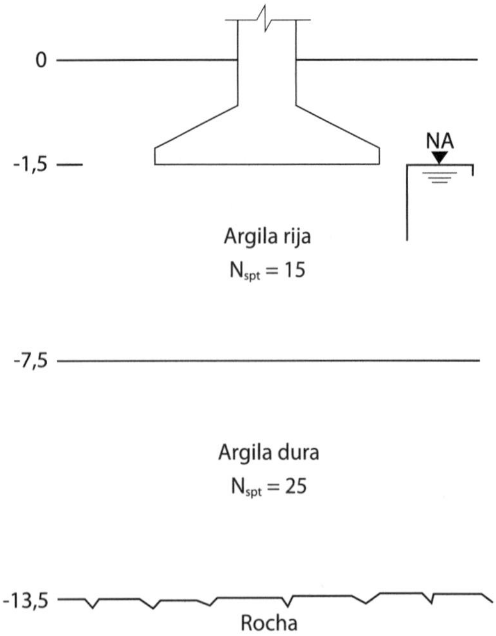

Fig. 3.18 *Exercício 3*

3) Estimar o recalque imediato da mesma sapata do exercício anterior, mas com uma segunda camada antes de atingir o indeslocável (Fig. 3.18).

Vamos utilizar as três soluções apresentadas para um problema de duas camadas distintas, ambas com E_s constante, e depois compará-las.

Nas duas primeiras soluções, consideramos o recalque total como a soma dos recalques das camadas 1 e 2:

$$\rho_i = \rho_1 + \rho_2$$

com $\rho_1 = 18{,}1\,\text{mm}$ (do exercício anterior).

A diferença das soluções está no cálculo de ρ_2.

a) Camada hipotética

Usamos o artifício de estimar o recalque das camadas 1 e 2 como se fosse camada única com módulo de deformabilidade da camada 2 (E_{s2}), e depois subtraímos o recalque da camada 1 com módulo E_{s2}:

$E_{s2} = 7 \cdot 0{,}15 \cdot 25 \cong 26\,\text{MPa}$

$\rho_2 = \rho_{1,2(26)} - \rho_{1(26)}$

Cálculo de $\rho_{1,2(26)}$:

$H/B = 4$ e $L/B = 1 \rightarrow \mu_1 = 0{,}64$

$$\rho_{1,2}(26) = 0{,}86 \cdot 0{,}64 \cdot \frac{0{,}2 \cdot 3.000}{26} = 12{,}7\,\text{mm}$$

Cálculo de $\rho_{1(26)}$:

$$\rho_{1(26)} = 0{,}86 \cdot 0{,}56 \cdot \frac{0{,}2 \cdot 3.000}{26} = 11{,}1\,\text{mm}$$

$\rho_2 = 12{,}7 - 11{,}1 = 1{,}6\,\text{mm}$

Logo:

$$\rho_i = \rho_1 + \rho_2 = 18{,}1 + 1{,}6 = 19{,}7\,\text{mm}$$

b) Sapata fictícia

Tínhamos:

$$\rho_i = \rho_1 + \rho_2$$

com $\rho_1 = 18{,}1\,\text{mm}$

Para o cálculo de ρ_2, fazemos a propagação de tensões (1:2) até o topo da camada 2, resultando em uma sapata fictícia à cota -7,5 m, com B' = L' = 9 m, aplicando a tensão:

$\Delta\sigma = \frac{200 \cdot 3^2}{9^2} \cong 22$ kPa (número inteiro para tensão em kPa)

$h'/B' = 7{,}5/9 = 0{,}83$ e $L'/B' = 1 \rightarrow \mu_0 = 0{,}77$
$H/B' = 6/9 = 0{,}67$ e $L'/B' = 1 \rightarrow \mu_1 = 0{,}35$

$$\rho_2 = 0{,}77 \cdot 0{,}35 \cdot \frac{22 \cdot 9.000}{26.000} = 2{,}1\,\text{mm}$$

$$\rho_i = 18{,}1 + 2{,}1 = 20{,}2\,\text{mm}$$

c) **Módulo médio das camadas**

Como terceira solução, vamos supor uma camada única, com módulo de deformabilidade dado pela média ponderada dos módulos das duas camadas, usando como peso de ponderação as espessuras das camadas. Neste caso em que as espessuras são iguais, usamos diretamente a média aritmética:

$$E_{S\,\text{med}} = \frac{16 + 26}{2} = 21\,\text{MPa}$$

$$\rho_i = 0{,}86 \cdot 0{,}64 \cdot \frac{0{,}2 \cdot 3.000}{21} = 15{,}7\,\text{mm}$$

Observação: essas respostas ratificam que as duas primeiras soluções são praticamente equivalentes e que a terceira não é recomendável para previsões de recalque (neste exercício, o erro é de cerca de -20% em relação às soluções anteriores, mas em outros casos o erro pode ser ainda maior).

4) Estimar o recalque imediato da sapata indicada na figura a seguir, quadrada com $B = L = 3\,\text{m}$, apoiada à cota $-2\,\text{m}$, aplicando ao solo a tensão $\sigma = 0{,}2\,\text{MPa}$.

Por se tratar de areia, vamos utilizar o método de Schmertmann. Inicialmente, desenhamos o diagrama, com $I_{z\,\text{máx}} = 0{,}67$, calculado a seguir, e atingindo 6 m (= $2B$) de profundidade, a partir da base da sapata. As camadas são subdivididas em função da variação de N_{spt}, respeitando a espessura máxima de $0{,}5B$ (= 1,5 m).

Ao adotar $\gamma = 17\,\text{kN/m}^3$, da Tab. 2.5, temos:
$q = 2 \cdot 17 = 34\,\text{kPa}$
$\sigma^* = \sigma - q = 200 - 34 = 166\,\text{kPa}$
$C_1 = 1 - 0{,}5 \cdot \frac{q}{\sigma^*} \geqslant 0{,}5 \rightarrow C_1 = 1{,}0 - 0{,}5\left(\frac{34}{166}\right) = 0{,}90$
$C_2 = 1 + 0{,}2 \cdot \log \frac{t}{0{,}1} \rightarrow C_2 = 1{,}00$ (recalque imediato)

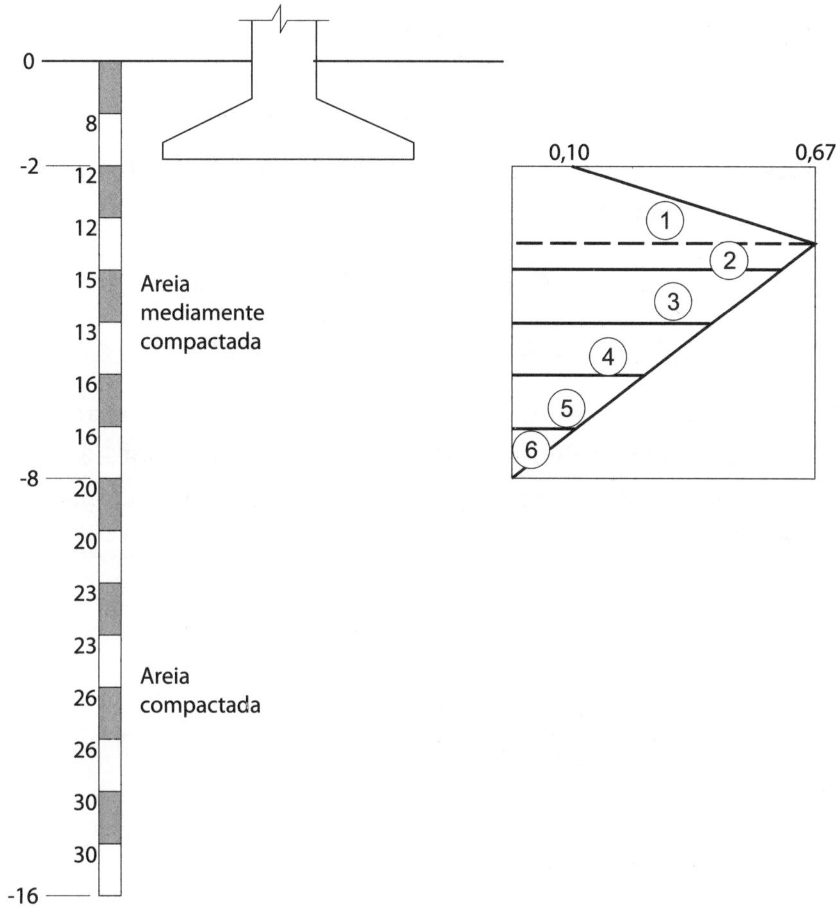

$z = B/2 = 1{,}5\,\text{m} \rightarrow$ cota $-3{,}5\,\text{m}$:

$\sigma_v = 34 + 1{,}5 \cdot 17 \cong 60\,\text{kPa}$

$I_{z\,\text{máx}} = 0{,}5 + 0{,}1\sqrt{\dfrac{\sigma^*}{\sigma_v}} = 0{,}5 + 0{,}1\sqrt{\dfrac{166}{60}} \cong 0{,}67$

$E_s = \alpha K N_{\text{spt}}$ (MPa)

areia: Tab. 3.3 $\rightarrow \alpha = 3$

Tab. 3.4 $\rightarrow K = 0{,}9\,\text{MPa}$

$E_s = 2{,}7 N_{\text{spt}}$ (MPa)

camada	**Δz (mm)**	I_z	N_{spt}	**E_s (MPa)**	$I_z \cdot \Delta z / E_s$
1	1.500	0,38	12	32	17,81
2	500	0,63	12	32	9,84
3	1.000	0,52	15	40	13,00
4	1.000	0,37	13	35	10,57
5	1.000	0,22	16	43	5,12
6	1.000	0,07	16	43	1,63
	$\sum = 6.000$				$\sum = 57{,}97$

$$\rho_i = C_1\, C_2\, \sigma^* \sum_{i=1}^{n} \left(\frac{I_z}{E_s} \Delta z \right)_i$$

$$\rho_i = 0{,}90 \cdot 1{,}00 \cdot 0{,}166 \cdot 57{,}97 = 8{,}7\,\text{mm}$$

Observação: Se quiséssemos obter o recalque após um tempo t de um ano, por exemplo, teríamos:

$$t = 1 \rightarrow C_2 = 1 + 0{,}2 \log\left(\frac{1}{10}\right) = 1{,}20$$

$$\rho_d = 0{,}90 \cdot 1{,}20 \cdot 0{,}166 \cdot 57{,}97 = 10{,}4\,\text{mm}$$

5) Estimar o recalque imediato de um tubulão a céu aberto, com base alargada de diâmetro $D_b = 3\,\text{m}$, apoiada à cota $-8\,\text{m}$, no terreno representado pelo perfil a seguir, aplicando a tensão de 0,4 MPa.

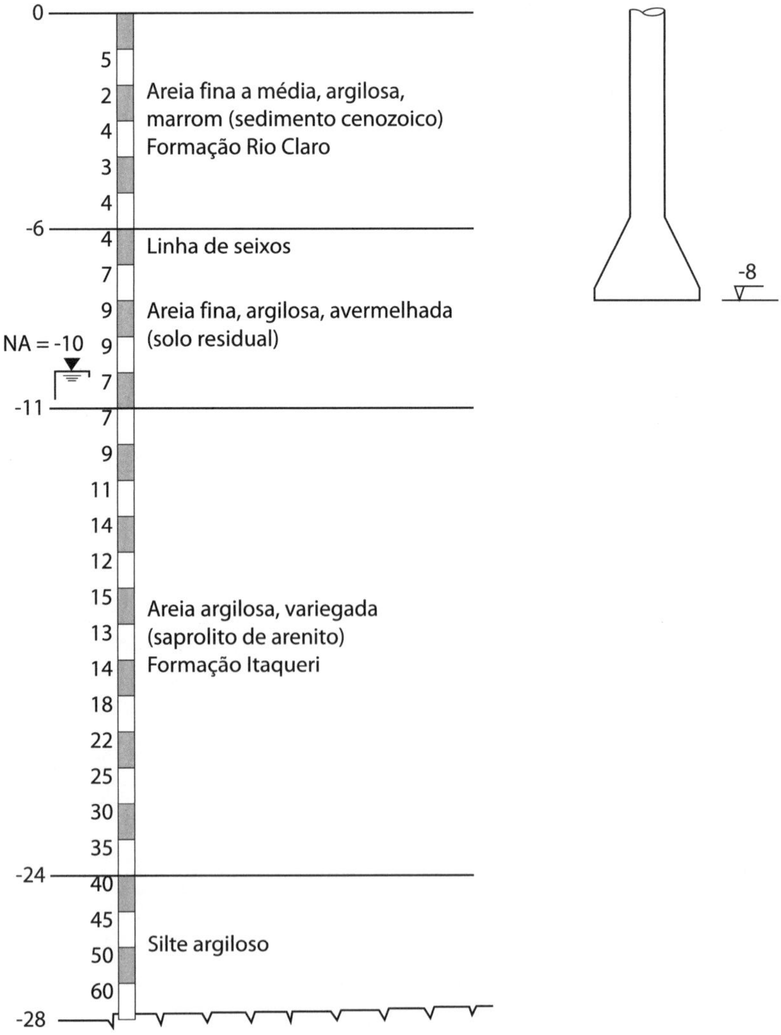

Solução: Vamos usar os dois métodos para constatar que, com as devidas divisões em subcamadas, os resultados são próximos.

1) Método de Schmertmann

Até a cota −8 m: areia seca, $N_{spt} \leqslant 7 \rightarrow \gamma = 16\,kN/m^3$ (Tab. 2.6)

$q = 8 \cdot 16 = 128\,kPa$

$\sigma^* = 400 - 128 = 272\,kPa$

$$C_1 = 1 - 0{,}5\frac{128}{272} = 0{,}76$$

$$C_2 = 1 + 0{,}2 \cdot \log\frac{t}{0{,}1} \rightarrow C_2 = 1{,}0 \quad \text{(recalque imediato)}$$

Calculando a base "quadrada" equivalente (mesma área):

$$B = L = \sqrt{\frac{\pi(3{,}00)^2}{4}} \cong 2{,}70\,m$$

cota −9,35 m ($z = B/2$ abaixo da base do tubulão)

$\sigma_v = 128 + 1{,}35 \cdot 16 \cong 150\,kPa$

$$I_{z\,máx} = 0{,}5 + 0{,}1\sqrt{\frac{\sigma *}{\sigma_v}}$$

$$I_{z\,máx} = 0{,}5 + 0{,}1\sqrt{\frac{272}{150}} = 0{,}63$$

$E_s = \alpha K N_{spt}$ (MPa)

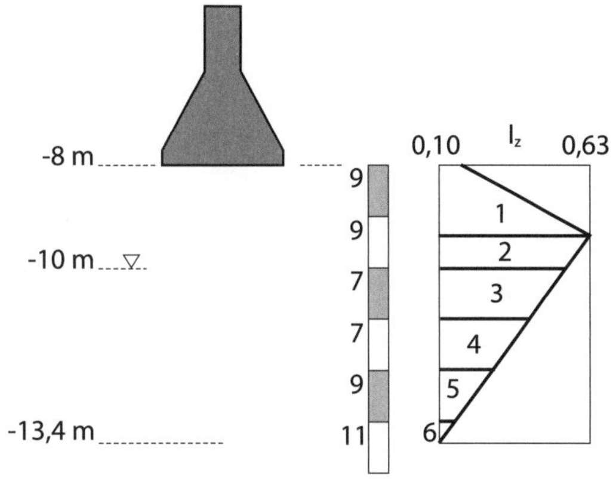

areia argilosa:

Tab. 3.3 (interpolando) → $\alpha = 4$

Tab. 3.4 → K = 0,55 MPa

$E_s = 2{,}2 N_{spt}$ (MPa)

$\rho_i = 0{,}76 \cdot 1{,}00 \cdot 0{,}272 \cdot 100{,}65 = 20{,}8\,mm$

camada	Δz (mm)	I_z	N_{spt}	E_s (MPa)	$I_z \cdot \Delta z / E_s$
1	1.350	0,36	9	20	24,30
2	650	0,58	9	20	18,85
3	1.000	0,45	7	15	30,00
4	1.000	0,30	7	15	20,00
5	1.000	0,14	9	20	7,00
6	400	0,03	11	24	0,50
	$\Sigma = 5.400$				$\Sigma = 100{,}65$

2) Multicamadas com sapata fictícia

$$\rho_i = \mu_0 \, \mu_1 \frac{\sigma B}{E_s}$$

em que B é o diâmetro (com B em mm, e σ e E_s em kPa, o recalque resulta em mm).

Vamos dividir em subcamadas com espessura de 2 m (o máximo seria 3 m = B).

a) camada 1: de -8 a -10 m

$N_{spt} = 9 \rightarrow E_s = 2{,}2 \cdot 9 \cong 20\,\text{MPa}$

$h/B = 8/3 = 2{,}67$ e $L/B = 1 \rightarrow \mu_0 = 0{,}60$

$H/B = 2/3 = 0{,}67$ e base circular $\rightarrow \mu_1 = 0{,}32$

$$\rho_1 = 0{,}60 \cdot 0{,}32 \cdot \frac{400 \cdot 3.000}{20.000} = 11{,}5\,\text{mm}$$

b) camada 2: de -10 a -12 m

$$N_{spt} = 7 \rightarrow E_s = 2{,}2 \cdot 7 \cong 15\,\text{MPa}$$

com a propagação de tensões (1:2), resulta um base fictícia à cota -10 m, com $D'_b = 5$ m, que aplica a tensão:

$\Delta\sigma = \frac{400 \cdot 3^2}{5^2} \cong 144\,\text{kPa}$

$h'/B' = 10/5 = 2$ e $L'/B' = 1 \rightarrow \mu_0 = 0{,}63$

$H/B' = 2/5 = 0{,}4$ e base circular $\rightarrow \mu_1 = 0{,}23$

$$\rho_2 = 0{,}63 \cdot 0{,}23 \cdot \frac{144 \cdot 5.000}{15.000} = 7{,}0\,\text{mm}$$

c) camada 3: de -12 a -14 m

$N_{spt\,med} = \frac{9+11}{2} = 10 \rightarrow E_s = 22\,\text{MPa}$

base fictícia à cota -12 m, com $D'_b = 7$ m:

$\Delta\sigma = \frac{400 \cdot 3^2}{7^2} \cong 73\,\text{kPa}$

$h'/B' = 12/7 = 1{,}71$ e $L'/B' = 1 \rightarrow \mu_0 = 0{,}65$

$H/B' = 2/7 = 0{,}29$ e base circular $\rightarrow \mu_1 = 0{,}18$

$$\rho_3 = 0{,}65 \cdot 0{,}18 \cdot \frac{73 \cdot 7.000}{22.000} = 2{,}7\,\text{mm}$$

d) camada 4: de -14 m a -16 m

$N_{\text{spt med}} = \frac{14+12}{2} = 13 \rightarrow E_s = 29\,\text{MPa}$

base fictícia à cota -14 m, com $D'_b = 9$ m:

$\Delta\sigma = \frac{400 \cdot 3^2}{9^2} \cong 44$ kPa

$h'/B' = 14/9 = 1{,}56$ e $L'/B' = 1 \rightarrow \mu_0 = 0{,}66$

$H/B' = 2/9 = 0{,}22$ e base circular $\rightarrow \mu_1 = 0{,}15$

$$\rho_4 = 0{,}66 \cdot 0{,}15 \cdot \frac{44 \cdot 9.000}{29.000} = 1{,}4\,\text{mm}$$

e) camada 5: de -16 m a -18 m

$N_{\text{spt med}} = \frac{15+13}{2} = 14 \rightarrow E_s = 31\,\text{MPa}$

base fictícia à cota -14 m, com $D'_b = 11$ m:

$\Delta\sigma = \frac{400 \cdot 3^2}{11^2} \cong 30$ kPa

$h'/B' = 16/11 = 1{,}45$ e $L'/B' = 1 \rightarrow \mu_0 = 0{,}67$

$H/B' = 2/11 = 0{,}18$ e base circular $\rightarrow \mu_1 = 0{,}12$

$$\rho_4 = 0{,}67 \cdot 0{,}12 \cdot \frac{30 \cdot 11.000}{31.000} = 0{,}9\,\text{mm}$$

Como a contribuição da quinta subcamada é inferior a 1 mm e, abaixo dela, o solo é de rigidez crescente, podemos encerrar o cálculo. Portanto:

$$\rho_1 + \rho_2 + \rho_3 + \rho_4 = 11{,}5 + 7{,}0 + 2{,}7 + 1{,}4 + 0{,}9 = 23{,}5\,\text{mm}$$

6) Dada a curva tensão × recalque da Fig. 2.17, obtida em prova de carga sobre placa realizada na argila porosa de São Paulo, estimar:

a) o recalque de uma sapata quadrada com 4,20 m de lado, a ser instalada na mesma cota e no mesmo local da placa de ensaio, aplicando uma tensão de 80 kPa;
b) o coeficiente de recalque (k_s);
c) o módulo de deformabilidade do solo

Solução: Vamos considerar o meio elástico homogêneo e que a placa circular de 0,80 m de diâmetro corresponde a uma placa quadrada de 0,70 m de lado:

$$B_p = \sqrt{\frac{4 \cdot 0{,}80^2}{\pi}} \cong 0{,}70\,\text{m}$$

o que resulta em uma relação entre dimensões:

$$n = \frac{B_f}{B_p} = \frac{4{,}20}{0{,}70} = 6$$

a) Para a tensão de 80 kPa, na curva tensão × recalque temos o recalque:

$$\rho_p = 3{,}2\,\text{mm}$$

Logo, o recalque na sapata será:

$$\rho_f = 6 \cdot 3{,}2 = 19{,}2\,\text{mm}$$

b) Considerando a linearidade até 80 kPa da Fig. 2.17, ou uma secante pelo ponto correspondente à tensão de 80 kPa, temos:

$$k_{s\,\text{placa}} = \frac{\sigma}{\rho} = \frac{80}{3{,}2} = 25\,\text{kPa/mm} = 25\,\text{MPa/m}$$

e para a sapata:

$$k_{s\,\text{sapata}} = \frac{1}{n} k_{s\,\text{placa}} = \frac{1}{6} \cdot 25 \cong 4\,\text{kPa/mm} = 4\,\text{MPa/m}$$

c) Da relação entre E_s e k_s (item 3.3.4):

$$E_{s\,\text{placa}} = 0{,}48 k_{s\,\text{placa}} = 0{,}48 \cdot 25 = 12\,\text{MPa}$$

7) Dada a curva tensão × recalque da Fig. 2.18, obtida em prova de carga sobre placa realizada na areia argilosa de São Carlos, e considerando a correlação $E_s = 6 + 2z$ (E_s em MPa e z em metros), obtida a partir de valores de N_{spt}, estimar:

a) o recalque de uma sapata quadrada com 3,50 m de lado, a ser instalada na mesma cota e no mesmo local da placa de ensaio, aplicando uma tensão de 70 kPa;
b) o coeficiente de recalque (k_s).

Solução: a relação entre dimensões resulta:

$$n = \frac{B_f}{B_p} = \frac{3{,}50}{0{,}70} = 5$$

e da expressão do módulo com a profundidade, temos:

$$\frac{E_o}{k} = \frac{6}{2} = 3\,\text{m}$$

que na Fig. 3.16, com n = 5, corresponde a:

$$\beta = 3$$

a) Para a tensão de 70 kPa, na curva tensão × recalque temos o recalque:

$$\rho_p = 3{,}6\,\text{mm}$$

Logo, o recalque na sapata será:

$$\rho_f = 3 \cdot 3{,}6 = 10{,}8\,\text{mm}$$

b) Considerando a linearidade até 70 kPa na Fig. 2.18, ou uma secante pelo ponto correspondente à tensão de 70 kPa, temos:

$$k_{s\,\text{placa}} = \frac{\sigma}{\rho} = \frac{70}{3{,}6} \cong 19\,\text{kPa/mm} = 19\,\text{MPa/m}$$

e na sapata:

$$k_{s\,\text{sapata}} = \frac{1}{\beta} k_{s\,\text{placa}} = \frac{1}{3} \cdot 19 = 6\,\text{kPa/mm} = 6\,\text{MPa/m}$$

Tensão admissível 4

No Cap. 2, aprendemos a calcular a capacidade de carga (σ_r) de **um** elemento isolado de fundação direta, que corresponde ao valor de tensão que provoca a ruptura do maciço de solo no qual está embutida a sapata ou tubulão. Ao considerarmos **todos** os elementos isolados de fundação direta de uma obra, a capacidade de carga não será constante, inclusive por conta da variabilidade natural do maciço de solo. Teremos diferentes valores de capacidade de carga e poderemos adotar o **valor médio** ($\sigma_{r\,\text{med}}$) como o valor representativo para a fundação.

A NBR 6122/2010 estipula que, "dependendo das características geológicas e das dimensões do terreno, pode ser necessário dividi-lo em regiões representativas que apresentem pequena variabilidade nas suas características geotécnicas." Nesse caso, em vez de um valor médio de capacidade de carga para a obra toda, teremos um valor médio para cada região representativa.

Obtida essa tensão média de ruptura (da obra ou de cada região representativa), precisamos estabelecer que fração desse valor poderá atuar no solo com segurança mínima à ruptura. Assim, chegamos ao conceito fundamental de **tensão admissível** ($\boldsymbol{\sigma_a}$):

$$\sigma_a \leqslant \frac{\sigma_{r\,\text{med}}}{F_S}$$

em que o denominador da fração ($\boldsymbol{F_S}$) é um número normatizado maior do que 1, o chamado **fator de segurança global**, ou simplesmente **fator de segurança**.

Na prática, o valor médio de capacidade de carga costuma ser representado por $\boldsymbol{\sigma_r}$ e, por isso, é usual escrevermos:

$$\sigma_a \leqslant \frac{\sigma_r}{F_S}$$

o que pode dar a ilusão de que o problema é determinista. Conforme detalhado por Cintra e Aoki (2010, p. 39-40) para fundações por estacas, o conceito de fator de segurança global e da própria filosofia de carga admissível (similar para tensão admissível) são inerentes ao valor médio de resistência.

Depois de obter a tensão admissível pela análise de ruptura para a obra toda, ou por região representativa, precisamos verificar se não ocorrerão recalques excessivos. Se essa tensão conduzir a recalques inferiores ao valor admissível previamente estabelecido, será confirmada como tensão admissível. Caso contrário, o seu valor deverá ser reduzido até que sejam obtidos recalques admissíveis:

$$\sigma_a \rightarrow \rho \leqslant \rho_a$$

em que $\boldsymbol{\rho}$ é o **recalque** correspondente à aplicação de σ_a, limitado pelo **recalque admissível ($\boldsymbol{\rho_a}$)**.

Na definição da NBR 6122/2010, item 3.27, tensão admissível é a "tensão adotada em projeto que, aplicada ao terreno pela fundação superficial ou pela base do tubulão, atende com coeficientes de segurança predeterminados, aos estados-limites últimos (ruptura) e de serviço (recalques, vibrações etc.)." No item 7.1, ratifica que "a grandeza fundamental para o projeto de fundações diretas é a determinação da tensão admissível, se o projeto for feito considerando coeficiente de segurança global" e que esta tensão "deve obedecer simultaneamente aos estados-limites últimos (ELU) e de serviço (ELS), para cada elemento de fundação isolado e para o conjunto".

Ainda nessa norma, o segundo parágrafo do item 5.1 determina que,

> para o caso do projeto de fundações ser desenvolvido em termos de fator de segurança global, devem ser solicitados ao projetista estrutural os valores dos coeficientes pelos quais as solicitações em termos de valores de projeto devem ser divididas, em cada caso, para reduzi-las às solicitações características.

Determinada a tensão admissível da fundação, e conhecida a força vertical P_i – não majorada por γ_f – que cada pilar vai aplicar no topo de sua sapata ou seu tubulão, podemos calcular a área da base (A_b) necessária para a sapata ou o tubulão de cada pilar, de modo que:

$$\frac{P_i}{A_b} \leqslant \sigma_a \rightarrow A_b \geqslant \frac{P_i}{\sigma_a}$$

a menos do peso próprio, estipulado no item 5.6 da NBR 6122/2010. Por último, encontramos as dimensões em planta da base de cada sapata ou tubulão.

Assim como a capacidade de carga e o recalque de fundações por sapatas e tubulões, a tensão admissível também depende das dimensões da base, em planta. Mas estas, por sua vez, dependem da tensão admissível, como vimos no parágrafo anterior.

Para resolver esse impasse, costumamos adotar um intervalo de variação para a largura ***B*** das sapatas (supostas quadradas) ou do diâmetro da base **D_b** dos tubulões (suposta circular) e construir gráficos de σ_a em função de B ou D_b. Da análise desses gráficos, tiramos um valor único de σ_a para o projeto de todas as sapatas ou tubulões da obra ou de cada região representativa, valor esse válido para o intervalo adotado de B ou D_b.

Além das dimensões da base das sapatas ou tubulões, a tensão admissível também é função dos parâmetros do solo e da cota escolhida para a base das sapatas ou dos tubulões.

4.1 Fundações por sapatas

Para a determinação da tensão admissível em fundações por sapatas, a partir do ELU, a NBR 6122/2010 (item 7.3) prescreve a utilização e interpretação de um ou mais dos três seguintes procedimentos: **prova de carga em placa**, **métodos teóricos** e **métodos semiempíricos**.

Quanto à verificação do ELS, o item 7.4 preconiza que a tensão admissível "é o valor máximo da tensão aplicada ao terreno que atenda às limitações de recalque ou deformação da estrutura".

Nas versões da NBR 6122 anteriores a 2010, constava uma **tabela de valores básicos de tensão admissível**, de natureza empírica, "com base na descrição do terreno (classificação e determinação da compacidade ou consistência através de investigações de campo e/ou laboratoriais)", valores esses que serviam "para uma orientação inicial". Na versão atual, essa tabela, de amplo conhecimento no meio geotécnico, foi excluída, assim como foi desconsiderado o uso de **métodos empíricos** como procedimento para a determinação da tensão admissível, em termos de ELU. Em compensação, essa norma alterou a definição de método semiempírico, e fez com que antigos métodos empíricos passassem ser considerados semiempíricos.

As versões anteriores dessa norma também previam uma segunda forma de verificar o ELS, não contemplada atualmente, através do conceito de **recalque máximo** ($\rho_{\text{máx}}$) e aplicação de um fator de segurança de 1,5 à tensão que provocaria esse recalque ($\sigma_{\rho\,\text{máx}}$). Nesse caso, a tensão admissível deveria satisfazer a condição dupla:

$$\sigma_a \leqslant \frac{\sigma_r}{F_S} \qquad \text{e} \qquad \sigma_a \leqslant \frac{\sigma_{\rho\,\text{máx}}}{1{,}5}$$

Enquanto o recalque admissível é o valor de recalque que a estrutura pode sofrer sem provocar danos, com segurança implícita, o recalque máximo representa o limite para o surgimento de dano na estrutura e, por isso, exige a aplicação de um fator de segurança à tensão que provoca esse recalque.

Ao excluir essa segunda forma de verificação do ELS, a NBR 6122/2010 comete o equívoco de confundir recalque admissível com recalque máximo. No item 6.2.2.1, define a variável C como o "valor-limite de serviço (admissível) do efeito das ações (por exemplo, recalque aceitável)", mas, em seguida, acrescenta que

> o valor-limite de serviço para uma determinada deformação é o valor correspondente ao comportamento que cause problemas como, por exemplo, trincas inaceitáveis, vibrações ou comprometimentos à funcionalidade plena da obra.

4.1.1 Métodos teóricos

De acordo com o item 7.3.2 da NRB 6122/2010,

> podem ser empregados métodos analíticos (teorias de capacidade de carga) nos domínios de validade de sua aplicação, que

> contemplam todas as particularidades do projeto, inclusive a natureza do carregamento (drenado ou não drenado).

Para o fator de segurança global, o valor atribuído é 3,0 (item 6.2.1.1.1), na ausência de prova de carga.

Portanto, calculamos o valor médio da capacidade de carga (σ_r) pela fórmula de Terzaghi, por exemplo, com os fatores sugeridos por Vesic, e aplicamos o fator de segurança de norma:

$$\sigma_a \leqslant \frac{\sigma_r}{3{,}0}$$

4.1.2 Métodos semiempíricos

Segundo o item 7.3.3 da NBR 6122/2010, os semiempíricos

> são métodos que relacionam resultados de ensaios (tais como o SPT, CPT etc.) com tensões admissíveis. Devem ser observados os domínios de validade de suas aplicações, bem como as dispersões dos dados e as limitações regionais associadas a cada um dos métodos.

Na versão anterior dessa norma, de 1996, era necessário que houvesse por base uma formulação teórica para que um método pudesse ser considerado semiempírico, senão, tratava-se de método empírico.

Para o fator de segurança global, o valor a ser atribuído é 3,0 (item 6.2.1.1.1), na ausência de prova de carga. Entretanto as correlações consagradas na prática de projeto de fundações diretas fornecem diretamente o valor da tensão admissível, com segurança implícita, o que dispensa a aplicação de fator de segurança.

Vejamos, a seguir, a determinação da tensão admissível de fundações diretas por meio de correlações com valores do índice de resistência à penetração (N_{spt}) do SPT ou da resistência de ponta (q_c) do CPT, lembrando que é sempre questionável a aplicabilidade de correlações empíricas desse tipo. Mello alerta que é preciso analisar a origem e validade de tais *formulários de bolso* antes de passar a aplicá-los inconscientemente e mesmo prejudicialmente em condições que extravasam do campo experimental do qual decorreram. (Mello, 1975, p. 61)

O problema geral das correlações entre parâmetros geotécnicos é analisado por Hachich e Nader (1992).

a) SPT

No meio técnico brasileiro, é conhecida a seguinte regra para obter a tensão admissível em fundações diretas por sapatas, em função do índice de resistência à penetração do SPT:

$$\sigma_a = \frac{N_{\text{spt}}}{50} + q \qquad (MPa) \quad \text{com} \quad 5 \leqslant N_{\text{spt}} \leqslant 20$$

em que N_{spt} é o valor médio no bulbo de tensões e a parcela correspondente à sobrecarga **q** pode ou não ser considerada.

Essa fórmula foi demonstrada por Teixeira (1996) para a condição particular de sapatas retangulares apoiadas na superfície de terrenos puramente argilosos, em que a capacidade de carga, pelo método de Skempton (1951), é dada por:

$$\sigma_r = c\,N_c$$

com $N_c = 6$. Ao considerar $c = 0{,}01 N_{\text{spt}}$ (MPa) e o fator de segurança 3, temos:

$$\sigma_a = \frac{0{,}01 \cdot N_{\text{spt}} \cdot 6}{3} = 0{,}02 N_{\text{spt}} = \frac{N_{\text{spt}}}{50} \quad \text{(MPa)}$$

Mello (1975) relata o uso, na prática profissional, de outra correlação, sem distinção de solo:

$$\sigma_a = 0{,}1\left(\sqrt{N_{\text{spt}}} - 1\right) \quad \text{(MPa)}$$

com $4 \leqslant N_{\text{spt}} \leqslant 16$.

Para areias, Teixeira (1996) desenvolve uma correlação, a partir da equação de capacidade de carga de Terzaghi. Considerando sapatas quadradas de lado B (em metros), apoiadas a 1,5 m de profundidade, em areia com peso específico de 18 kN/m^3 e ângulo de atrito interno dado por

$$\phi = \sqrt{20\,N_{spt}} + 15°$$

e com o fator de segurança 3, o autor obtém a seguinte expressão para a tensão admissível:

$$\sigma_a = 0{,}05 + (1 + 0{,}4B)\frac{N_{spt}}{100} \quad \text{(MPa)}$$

Essa correlação é representada na Fig. 4.1, na qual a linha tracejada refere-se a valores de experiência prática em São Paulo, relatados por Vargas (1951).

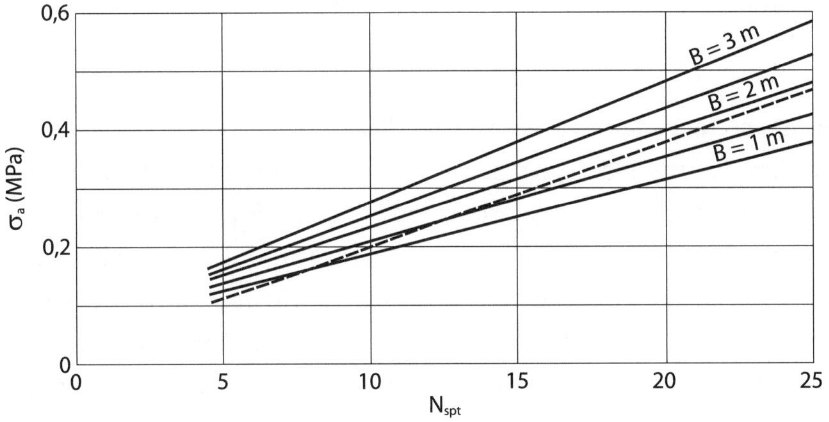

Fig. 4.1 *Tensão admissível em função de B e de N_{spt} – sapatas em areia (Teixeira, 1996)*

b) CPT

A tensão admissível para fundações por sapatas, a partir do CPT, pode ser obtida pelas correlações empíricas apresentadas por Teixeira e Godoy (1996):

$$\sigma_a = \frac{q_c}{10} \leqslant 4{,}0\,\text{MPa} \quad \text{(para argila)}$$

$$\sigma_a = \frac{q_c}{15} \leqslant 4{,}0\,\text{MPa} \quad \text{(para areia)}$$

em que q_c é o valor médio no bulbo de tensões, com $q_c \geqslant 1{,}5$ MPa.

4.1.3 Prova de carga em placa

Para determinar a tensão admissível em projetos de fundações por sapatas, podemos realizar prova de carga em placa, segundo o item 7.3.1 da NBR 6122/2010. Trata-se do "ensaio realizado de acordo com a ABNT NBR 6489, cujos resultados devem ser interpretados de modo a considerar a relação modelo-protótipo (efeito de escala), bem como as camadas influenciadas de solo".

Em relação ao fator de segurança a ser aplicado à capacidade de carga obtida no ensaio de placa, a norma é omissa, indicando apenas a redução de 3,0 para 2,0 (item 6.2.1.1.1) no fator de seguraça a ser empregado tanto nos métodos analíticos como nos semiempíricos, sempre que houver "duas ou mais provas de carga, necessariamente executadas na fase de projeto".

A seguir, veremos dois critérios para obter a tensão admissível a partir do ensaio de placa.

a) Interpretação da curva tensão × recalque

No Cap. 2, vimos a interpretação da curva tensão × recalque para a determinação da capacidade de carga (σ_r). Quando a curva se verticaliza no seu trecho final, temos a ruptura nítida, e a capacidade de carga é dada pela intersecção dessa vertical com o eixo das abscissas. No caso de curva aberta, a ruptura deixa de ser nítida e exige um critério de ruptura convencional (arbitrário). Se, por exemplo, a parte final da curva se transformar em linha reta não vertical, podemos considerar o ponto de início desse trecho reto como o correspondente à tensão de ruptura (convencional), pelo critério de Terzaghi (1943).

Definido o valor experimental da capacidade de carga, obteremos a tensão admissível com a aplicação de um fator de segurança igual a 2:

$$\sigma_a \leqslant \frac{\sigma_r}{2}$$

b) Critério de Boston

Para o caso de provas de carga sobre placa em areia, em que as curvas tensão × recalque costumam ser abertas, Teixeira e Godoy

(1996) relatam o uso no Brasil, desde 1955, do critério de obras da cidade de Boston, EUA, desenvolvido para placa quadrada de 0,30 m de lado, sem nenhuma adaptação para a nossa placa circular de 0,80 m de diâmetro.

Por esse critério, consideramos dois valores de recalque (10 mm e 25 mm) e as correspondentes tensões (σ_{10} e σ_{25}) na curva tensão × recalque, e adotamos como tensão admissível o menor dos dois seguintes valores:

$$\sigma_a \leqslant \begin{cases} \sigma_{10} \\ \dfrac{\sigma_{25}}{2} \end{cases}$$

Esse critério significa estabelecer um recalque admissível (ρ_a) de 10 mm para a placa e um critério de ruptura convencional em que a tensão de ruptura (σ_r) está associada ao recalque arbitrário de 25 mm, correspondendo o denominador 2 ao fator de segurança. Segundo Teixeira e Godoy (1996), o valor $\frac{1}{2}\sigma_{25}$ é sempre mais rigoroso do que σ_{10}.

4.1.4 Verificação de recalques

"As tensões admissíveis devem também atender ao estado-limite de serviço", de acordo com o item 7.4 da NBR 6122/2010. Nesse caso, a tensão admissível "é o valor máximo da tensão aplicada ao terreno que atenda às limitações de recalque ou deformação da estrutura".

Para o valor da tensão admissível dos dois primeiros procedimentos (teórico ou semiempírico), devemos calcular o recalque correspondente, através dos métodos analíticos vistos no Cap. 3 e, se for o caso, reduzir a tensão admissível para que o recalque admissível não seja ultrapassado.

Para a tensão admissível obtida pelo ensaio de placa, devemos verificar que o recalque extrapolado da placa para a sapata não atinja o valor do recalque admissível.

4.2 FUNDAÇÕES POR TUBULÕES

De modo semelhante às fundações por sapatas, a tensão admissível em fundações por tubulões deve atender o estado-limite último e o estado-limite de serviço. Para a verificação do ELU, são normatizados os mesmos três procedimentos das fundações por sapatas.

4.2.1 Métodos teóricos

Em princípio, o procedimento seria encontrar o valor médio de capacidade de carga para a obra, ou para cada região representativa, e em seguida aplicar o fator de segurança de 3,0:

$$\sigma_a \leqslant \frac{\sigma_r}{3}$$

Todavia, os métodos teóricos de capacidade de carga não funcionam satisfatoriamente para fundações por tubulões como para todas as fundações profundas e, por isso, geralmente não são empregados. Se houver interesse nesse tipo de cálculo, consultar Albiero e Cintra (1996).

4.2.2 Métodos semiempíricos

Para determinar a tensão admissível de fundações por tubulões, temos correlações com resultados de SPT ou CPT, além de métodos semiempíricos originalmente desenvolvidos para estacas.

a) SPT

Podemos utilizar a mesma regra vista para fundações por sapatas:

$$\sigma_a = \frac{N_{\text{spt}}}{50} + q \quad \text{(MPa)} \qquad \text{com} \qquad 5 \leqslant N_{\text{spt}} \leqslant 20$$

em que N_{spt} é o valor médio no bulbo de tensões, mas a parcela correspondente à sobrecarga **q** torna-se significativa para fundações por tubulões.

Uma regra similar, para o caso específico de tubulões, é apresentada por Alonso (1983):

$$\sigma_a = \frac{N_{\text{spt}}}{30} \quad \text{(MPa)} \qquad \text{com} \qquad 6 \leqslant N_{\text{spt}} \leqslant 18$$

na qual o denominador reduzido de 50 para 30 leva em conta o efeito do embutimento da fundação no aumento da tensão admissível.

b) CPT

A partir da resistência de ponta (q_c) do CPT para ensaios conduzidos até, pelo menos, 4 m abaixo da cota de apoio dos tubulões, e desde que não haja camadas moles mais profundas, Costa Nunes e Velloso (1960) apresentam a seguinte correlação para a tensão admissível:

$$\sigma_a = \frac{q_c}{6 a 8}$$

em que o denominador é escolhido "conforme a necessidade de cada caso", segundo os autores, mas sem diferenciação explícita para argila e areia. Sugerimos a prudência de impor a limitação: $q_c \leqslant 10\,\text{MPa}$.

c) Tubulões como estacas escavadas

Ao considerar os tubulões como estacas escavadas, podemos utilizar os métodos semiempíricos para o cálculo da capacidade de carga de fundações por estacas, retendo apenas a parcela de resistência de ponta (ou de base), em termos de tensão, e aplicando o fator de segurança.

Aoki-Velloso

Pelo método Aoki-Velloso (1975), a resistência de base, em termos de tensão, pode ser considerada:

$$\sigma_r = \frac{q_c}{F_1} \quad \text{ou} \quad \sigma_r = \frac{K N_{spt}}{F_1}$$

em que:

q_c e N_{spt} são, respectivamente, a resistência de ponta do ensaio de cone e o índice de resistência à penetração do SPT, à cota da base do tubulão;

F_1 é um fator de transformação adimensional, igual a 3 para estacas escavadas;

K é um coeficiente que depende do tipo de solo, cujos valores são apresentados na Tab. 4.1.

TAB. 4.1 Coeficiente K (Aoki e Velloso, 1975)

Tipo de solo	K (MPa)
Areia	1,00
Areia siltosa	0,80
Areia siltoargilosa	0,70
Areia argilosa	0,60
Areia argilossiltosa	0,50
Silte	0,40
Silte arenoso	0,55
Silte arenoargiloso	0,45
Silte argiloso	0,23
Silte argiloarenoso	0,25
Argila	0,20
Argila arenosa	0,35
Argila arenossiltosa	0,30
Argila siltosa	0,22
Argila siltoarenosa	0,33

Ao valor de σ_r aplicamos um fator de segurança mínimo de 3, por se tratar de "estacas" em que consideramos exclusivamente a resistência de ponta. Logo,

$$\sigma_a \leqslant \frac{\sigma_r}{3}$$

Tab. 4.2 Fator de redução α para estaca escavada (Décourt, 1996)

Tipo de solo	α
Argilas	0,85
Solos intermediários	0,60
Areias	0,50

Tab. 4.3 Coeficiente característico do solo (Décourt, 1996)

Tipo de solo	C (kPa)
Argila	120
Silte argiloso*	200
Silte arenoso*	250
Areia	400

*alteração de rocha (solos residuais)

Décourt-Quaresma

Pelo método Décourt-Quaresma (1978), na versão atualizada de Décourt (1996), a resistência de base, em termos de tensão, pode ser expressa por:

$$\sigma_r = \alpha C N_p$$

em que:

α é um fator de redução (Tab. 4.2);

C é o coeficiente característico do solo (Tab. 4.3);

N_p é o valor médio de N_{spt} na base da estaca, obtido de três valores: o correspondente à cota da base, o imediatamente anterior e o imediatamente posterior.

Ao valor de σ_r aplicamos um fator de segurança 4, de acordo com a recomendação dos autores para a resistência de base. Logo,

$$\sigma_a \leqslant \frac{\sigma_r}{4}$$

4.2.3 Prova de carga

Para o projeto de fundações por tubulões, também podem ser realizadas provas de carga em placa, cuja cota de apoio deve ser a mesma prevista para a base dos tubulões. A análise dos resultados desse ensaio para a determinação da tensão admissível é a mesma para fundações por sapatas, mas a dificuldade em ensaiar uma placa a vários metros de profundidade explica o fato de essa prova de carga ser raramente utilizada.

4.2.4 Verificação de recalques

As tensões admissíveis também devem atender ao estado-limite de serviço. Para o valor da tensão admissível dos dois primeiros procedimentos (teórico ou semiempírico), devemos calcular o recalque correspondente por meio dos métodos analíticos (Cap. 3) e, se for o caso, reduzir a tensão admissível para que não seja ultrapassado o recalque admissível.

Para a tensão admissível obtida em prova de carga em placa, também devemos comprovar o recalque inferior ao admissível, mas fazendo antes a extrapolação do recalque do modelo para protótipo (conforme Cap. 3).

4.3 Desempenho das fundações

Em relação aos recalques, a NBR 6122/2010 introduz uma prescrição sobre a verificação do desempenho das fundações pelo monitoramento, considerado obrigatório em quatro casos discriminados no item 9.1. Esse mesmo item preconiza que o projeto de fundações deve estabelecer o programa de monitoramento.

No item 9.2.1, sobre fundações diretas, prescreve que

> o solo de apoio de sapatas e tubulões deve ser aprovado por engenheiro antes da concretagem. Em caso de dúvida, devem ser programadas provas de carga em placas (ou nos tubulões) que simulem o comportamento destes elementos, desde que se considere o efeito escala.

4.4 Síntese do capítulo

A tensão admissível de uma fundação direta consiste no valor de tensão que as sapatas ou tubulões podem aplicar ao maciço de solo com segurança à ruptura geotécnica, sem provocar recalques superiores ao valor admissível.

A segurança à ruptura é garantida por um fator de segurança global, aplicado ao valor médio de capacidade de carga, procedimento que corresponde à verificação do ELU, enquanto a limitação dos recalques ao valor admissível fixado em projeto consiste na verificação do ELS.

A verificação do ELU em fundações por sapatas pode ser conduzida por: 1°) métodos teóricos de capacidade de carga (como o de Terzaghi, com $F_S = 3$); 2°) métodos semiempíricos (correlações com SPT ou CPT, com F_S embutido); e 3°) prova de carga em placa (com interpretação da ruptura e $F_S = 2$ ou diretamente pelo código de Boston).

Para a verificação do ELS nos dois primeiros casos, calculamos o recalque correspondente e comparamos com o recalque admissível. No terceiro, extrapolamos o recalque da placa para comparar com o recalque admissível das sapatas.

Para fundações por tubulões, os procedimentos são semelhantes, exceto que, em vez de métodos teóricos de capacidade de carga, utilizamos métodos semiempíricos para estacas, considerando tubulões como estacas escavadas e levando em conta apenas a resistência de base, em termos de tensão (com $F_S = 3$ para Aoki-Velloso e $F_S = 4$ para Décourt-Quaresma).

Exercícios resolvidos

1) Considerando a curva tensão × recalque da Fig. 2.17, obtida em prova de carga em placa na argila porosa em São Paulo, determinar a tensão admissível para fundações por sapatas quadradas de 2,10 a 4,20 m de largura, adotando o recalque admissível de 40 mm.

Solução: No Cap. 2, item 2.7, analisamos esse gráfico e identificamos uma ruptura nítida para cerca de 160 kPa, isto é, a tendência de verticalização da curva carga × recalque para esse valor de tensão. Assim, ao aplicar $F_S = 2$, obtemos:

$$\sigma_r = 160\,\text{kPa} \rightarrow \sigma_a \leqslant \frac{160}{2} = 80\,\text{kPa}$$

o que corresponde a um recalque na placa do ensaio de:

$$\sigma_a = 80\,\text{kPa} \rightarrow \rho_p = 3{,}2\,\text{mm}$$

Agora, vejamos a extrapolação do recalque, considerando que, nas argilas, vale a proporcionalidade direta entre as dimensões da placa e da sapata:

$$\rho_f = n \cdot \rho_p \quad \text{com} \quad n = \frac{B_f}{B_p}$$

Para a placa quadrada de área equivalente à da norma ($0{,}5\,\text{m}^2$) temos $B_p = 0{,}70\,\text{m}$ e, para as sapatas maiores, $B_f = 4{,}20\,\text{m}$. Assim:

$$n = \frac{4{,}20}{0{,}70} = 6$$

o que resulta no recalque de:

$$\rho_f = 6 \cdot 3{,}2 = 19{,}2\,\text{mm} < \rho_a = 40\,\text{mm} \rightarrow \quad \text{ok!}$$

confirmando a tensão admissível de:

$$\sigma_a = 80\,\text{kPa}$$

Em todas as sapatas ($B_f = 2{,}10$ m a 4,20 m $\rightarrow n = 3$ a 6), o recalque vai variar entre 9,6 e 19,2 mm.

2) Considerando a curva tensão × recalque da Fig. 2.18, obtida em prova de carga em placa realizada na areia argilosa superficial em São Carlos, SP, em que vale a correlação $E_s = 6 + 2z$ (E_s em MPa e z em metros), determinar a tensão admissível para fundações por sapatas quadradas de 1,40 a 3,50 m de largura, para um recalque admissível de 25 mm.

Solução: Vamos utilizar dois critérios de interpretação da curva tensão × recalque e, depois, verificar o recalque.

a) Critério de Terzaghi

No Cap. 2, item 2.7, analisamos esse gráfico e identificamos uma ruptura convencional para o valor arredondado de 140 kPa pelo critério de Terzaghi (1942), que consiste em localizar o ponto da curva a partir do qual temos uma linha reta não vertical. Assim, com $F_S = 2$ chegamos a:

$$\sigma_r = 140\,\text{kPa} \rightarrow \sigma_a \leqslant \frac{140}{2} = 70\,\text{kPa}$$

b) Critério de Boston

Da curva tensão × recalque, temos:

$$\sigma_{10} = 104\,\text{kPa} \cong 100\,\text{kPa}$$

$$\sigma_{25} = 145\,\text{kPa} \cong 140\,\text{kPa}$$

Logo:

$$\sigma_a \leqslant \begin{cases} 100 \\ \dfrac{140}{2} = 70 \end{cases}$$

Portanto, encontramos a tensão admissível de:

$$\sigma_a = 70\,\text{kPa}$$

que coincide com o valor obtido com o critério anterior.

c) verificação do recalque

A essa tensão admissível, na placa de ensaio corresponde um recalque de:

$$\sigma_a = 70\,\text{kPa} \rightarrow \quad \rho_p = 3{,}6\,\text{mm}$$

Agora, vejamos a extrapolação do recalque, considerando um meio elástico linearmente não homogêneo:

$$\rho_f = \beta\,\rho_p$$

Para as sapatas maiores, temos:

$$n = \frac{3{,}50}{0{,}70} = 5$$

e da expressão do módulo com a profundidade, obtemos:

$$\frac{E_o}{k} = \frac{6}{2} = 3\,\text{m}$$

que na Fig. 3.16, com $n = 5$, corresponde a:

$$\beta = 3$$

Logo, o recalque na sapata será:

$$\rho_f = 3 \cdot 3{,}6 = 10{,}8\,\text{mm} < \rho_a = 25\,\text{mm} \rightarrow \text{ok!}$$

o que confirma a tensão admissível de:

$$\sigma_a = 70\,\text{kPa}$$

Em todas as sapatas ($n = 2$ a $5 \rightarrow \beta = 1{,}6$ a 3), o recalque vai variar de 5,8 a 10,8 mm.

Observação: Como esse solo é colapsível, recomendamos consultar Cintra e Aoki (2009) para a análise complementar de tensão admissível nesse tipo de solo.

3) Dado o perfil representativo do terreno a seguir, determinar a tensão admissível para o projeto das fundações por sapatas de um edifício residencial com um subsolo, considerando sapatas quadradas de 1 a 3 m de lado, apoiadas à cota -4 m.

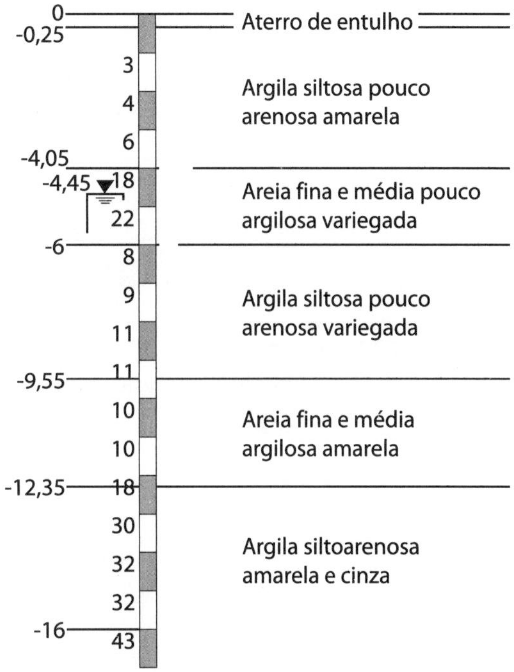

Solução: Como haverá uma escavação de cerca de 3 m em toda a área de construção para a execução do subsolo, os 3 m não serão contados para efeitos de embutimento nem de sobrecarga.

Através de dois métodos (teórico e semiempírico), vamos calcular a tensão admissível para B = 1, 2 e 3 m e, depois, desenhar os respectivos gráficos $\sigma_a \times B$ para adotar a tensão admissível de projeto. Finalmente, verificaremos o recalque admissível.

a) **Método teórico**

$B = 1\,\text{m}$

Dentro do bulbo, temos apenas areia:

$$c = 0 \rightarrow \sigma_r = q\,N_q\,S_q + \frac{1}{2}\gamma\,B\,N_\gamma\,S_\gamma$$

Como o N.A. se encontra a menos de 1 m da base da sapata, vamos simplificar e considerá-lo à cota −4 m.

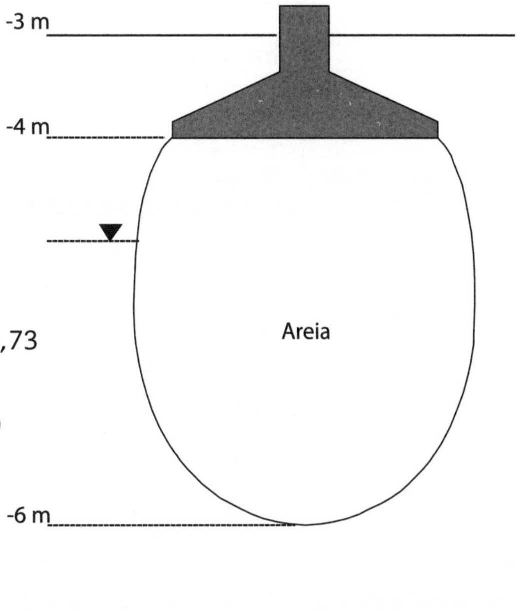

de −3 m a −4 m: argila, $N_{spt} = 6$

$\rightarrow$ argila média: $\gamma = 17\,\text{kN/m}^3$

$q = 1 \cdot 17 = 17\,\text{kPa}$

de −4 m a −6 m: $N_{spt\,med} = 20$

$\rightarrow \gamma_{sat} = 21\,\text{kN/m}^3$

$\phi = 28° + 0{,}4 \cdot 20 = 36°$

$\phi = 36° \rightarrow N_q = 37{,}75 \quad N_\gamma = 56{,}31 \quad \text{tg}\,\phi = 0{,}73$

$B = L \rightarrow S_q = 1 + \text{tg}\,\phi = 1{,}73 \quad S_\gamma = 0{,}60$

$\sigma_r = 17 \cdot 37{,}75 \cdot 1{,}73 + \frac{1}{2} \cdot 11 \cdot 1{,}0 \cdot 56{,}31 \cdot 0{,}60$

$\sigma_r = 1.296\,\text{kPa} = 1{,}30\,\text{MPa}$

$F_S = 3 \rightarrow \quad \sigma_a = 0{,}43\,\text{MPa}$

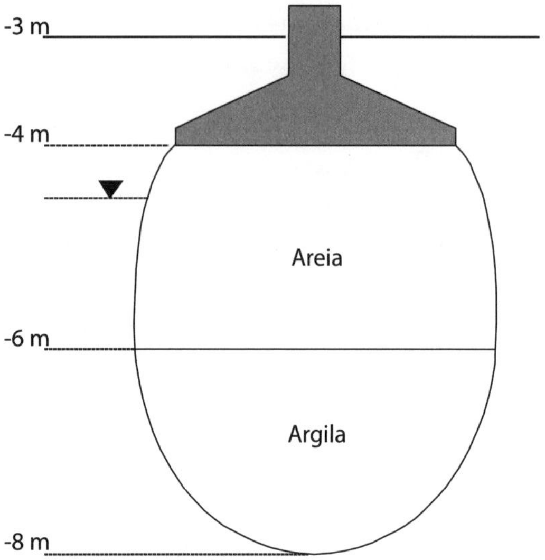

$\boldsymbol{B} = 2\,\mathrm{m}$

Areia (cota -4 m a -6 m):

$$\sigma_{r1} = 17 \cdot 37{,}75 \cdot 1{,}73 + \frac{1}{2} \cdot 11 \cdot 2{,}0 \cdot 56{,}31 \cdot 0{,}60$$

$$\sigma_{r1} = 1.482\,\mathrm{kPa} = 1{,}48\,\mathrm{MPa}$$

Argila (cota −6 m a −8 m):

$$\sigma_r = c\,N_c\,S_c + q\,N_q\,S_q$$

$N_{\mathrm{spt\,med}} = 8 \rightarrow$ argila média
$\rightarrow$ ruptura local

Para fazer a média dos valores de ruptura geral e puncionamento, podemos entrar diretamente com o valor médio da coesão.

$N_{\mathrm{spt\,med}} = 8 \rightarrow$ ruptura geral: $c = 10 \cdot 8 = 80\,\mathrm{kPa}$
$\rightarrow$ puncionamento: $c^* = 2/3 \cdot 80 = 53\,\mathrm{kPa}$
$\rightarrow c_{\mathrm{med}} = 66\,\mathrm{kPa}$

$\phi = 0° \rightarrow N_c = 5{,}14 \quad N_q = 1{,}00 \quad N_q/N_c = 0{,}20$
$B = L \rightarrow S_c = 1 + N_q/N_c = 1{,}20 \quad S_q = 1{,}00$
$q = 17 + 2 \cdot 11 = 39\,\mathrm{kPa}$
$\sigma_{r2} = 66 \cdot 5{,}14 \cdot 1{,}20 + 39 \cdot 1{,}00 \cdot 1{,}00$
$\sigma_{r2} = 446\,\mathrm{kPa} = 0{,}45\,\mathrm{MPa}$

Comparando, temos:

$$\sigma_{r1} = 1{,}48\,\mathrm{MPa} > \sigma_{r2} = 0{,}45\,\mathrm{MPa}$$

Então, calculamos a média ponderada:

$$\sigma_{r1,2} = \frac{1{,}48 + 0{,}45}{2} = 0{,}96\,\mathrm{MPa}$$

para obter a parcela propagada dessa tensão até o topo da segunda camada:

$$\Delta\sigma \cong \frac{0{,}96 \cdot 2^2}{4^2} = 0{,}24\,\mathrm{MPa}$$

Finalmente, comparando $\Delta\sigma$ com σ_{r2}, temos:

$$\Delta\sigma = 0{,}24\,\text{MPa} < \sigma_{r2} = 0{,}45\,\text{MPa} \rightarrow \text{ok!}$$

Então, a capacidade de carga do sistema (σ_r) é a própria capacidade de carga média no bulbo de tensões ($\sigma_{r1,2}$):

$$\sigma_r = \sigma_{r1,2} = 0{,}96\,\text{MPa}$$

$F_S = 3 \rightarrow \quad \sigma_a = 0{,}32\,\text{MPa}$

$B = 3\,\text{m}$

Areia (cota -4 m a -6 m):

$$\sigma_{r1} = 17 \cdot 37{,}75 \cdot 1{,}73 + \frac{1}{2} \cdot 11 \cdot 3{,}0 \cdot 56{,}31 \cdot 0{,}60$$

$$\sigma_{r1} = 1.668\,\text{kPa} = 1{,}67\,\text{MPa}$$

Argila (cota -6 m a -10 m):

$N_{\text{spt med}} = 10 \rightarrow$ argila média $\rightarrow$ ruptura local

$\rightarrow$ ruptura geral: $c = 10 \cdot 10 = 100\,\text{kPa}$

$\rightarrow$ puncionamento: $c^* = 2/3 \cdot 100 = 67\,\text{kPa}$

$c_{\text{med}} = 83\,\text{kPa}$

$\sigma_{r2} = 83 \cdot 5{,}14 \cdot 1{,}20 + 39 \cdot 1{,}00 \cdot 1{,}00$

$\sigma_{r2} = 551\,\text{kPa} = 0{,}55\,\text{MPa}$

Fazendo a comparação, temos:

$$\sigma_{r1} = 1{,}67\,\text{MPa} > \sigma_{r2} = 0{,}55\,\text{MPa}$$

Então, calculamos a média ponderada:

$$\sigma_{r1,2} = \frac{2 \cdot 1{,}67 + 4 \cdot 0{,}55}{2+4} = 0{,}92\,\text{MPa}$$

para obter a parcela propagada dessa tensão até o topo da segunda camada:

$$\Delta\sigma \cong \frac{0{,}92 \cdot 3^2}{5^2} = 0{,}33\,\text{MPa}$$

Finalmente, comparando $\Delta\sigma$ com σ_{r2}, temos:

$$\Delta\sigma = 0{,}33\,\text{MPa} < \sigma_{r2} = 0{,}55\,\text{MPa} \rightarrow \text{ok!}$$

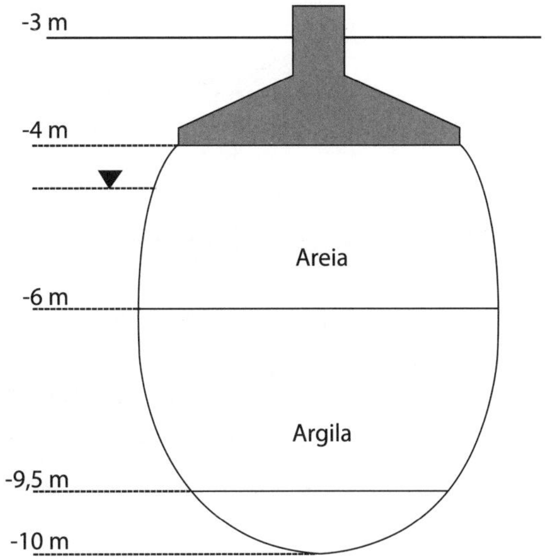

Então, a capacidade de carga do sistema (σ_r) é a própria capacidade de carga média no bulbo de tensões ($\sigma_{r1,2}$):

$$\sigma_r = \sigma_{r1,2} = 0,92\,\text{MPa}$$

$F_S = 3 \rightarrow \quad \sigma_a = 0,31\,\text{MPa}$

b) Regra semiempírica

$$\sigma_a = \frac{N_{\text{spt}}}{50} + q \qquad \text{(MPa)} \qquad 5 \leqslant N_{\text{spt}} \leqslant 20$$

com o valor médio de N_{spt} no bulbo de tensões.

B = 1 m
Bulbo (de −4 m a −6 m) → $N_{\text{spt med}} = 20$
$q = 17\,\text{kPa} \cong 0,02\,\text{MPa}$
$\sigma_a = \frac{20}{50} + 0,02 = 0,42\,\text{MPa}$

B = 2 m
Bulbo (de −4 m a −8 m) → $N_{\text{spt med}} \cong 14$
$\sigma_a = \frac{14}{50} + 0,02 = 0,30\,\text{MPa}$

B = 3 m
Bulbo (de −4 m a −10 m) → $N_{\text{spt med}} \cong 13$
$\sigma_a = \frac{13}{50} + 0,02 = 0,28\,\text{MPa}$

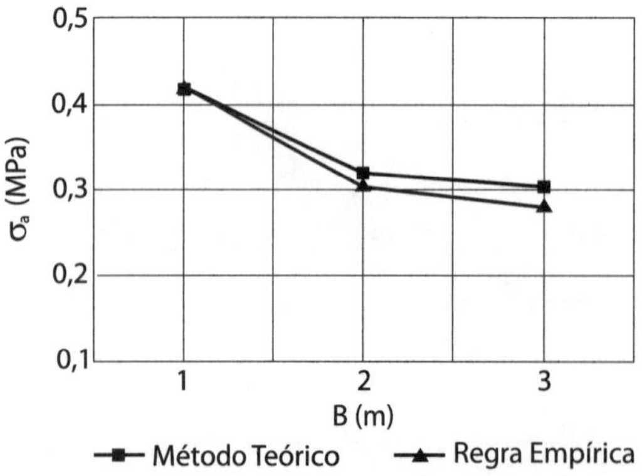

c) Gráficos $\sigma_a \times B$
Com os valores encontrados pelos dois métodos, podemos desenhar os respectivos gráficos da tensão admissível em função de B (à esquerda).

Da análise conjunta dos gráficos, adotamos inicialmente o valor de

$$\sigma_a = 0,30\,\text{MPa}$$

d) Verificação do recalque
Vamos estimar o recalque para a maior sapata ($B = 3\,\text{m}$) da fundação e compará-lo com o recalque admissível:

$$\rho_a = 30\,\text{mm}$$

Para uma primeira verificação, consideraremos apenas o recalque imediato, mas deverá ser analisado o recalque de adensamento da camada argilosa saturada, de −6 a −10 m.

Como se trata de perfil com camadas alternadas de areia e argila, vamos utilizar o método da sapata fictícia, com a divisão em subcamadas de espessura de 2 m, inferior ao máximo de 3 m (= B).

$$\rho_i = \mu_0 \cdot \mu_1 \cdot \frac{\sigma \cdot B}{E_s}$$

Ao arredondar as cotas de transição de camadas e fazer interpolações para α e K, quando necessário, temos:

Camada 1 (cota −4 m a −6 m):

Areia: $\alpha = 3$ e $K = 0{,}9\,\text{MPa}$

$N_{\text{spt med}} = 20 \rightarrow E_s = 3 \cdot 0{,}9 \cdot 20 = 54\,\text{MPa}$

$L/B = 1$ e $h/B = 1/3 = 0{,}33 \rightarrow \mu_0 = 0{,}91$

$L/B = 1$ e $H/B = 2/3 = 0{,}67 \rightarrow \mu_1 = 0{,}35$

$\rho_1 = 0{,}91 \cdot 0{,}35 \cdot \frac{0{,}30 \cdot 3.000}{54} = 5{,}3\,\text{mm}$

Camada 2 (cota -6 m a -8 m):

$\Delta\sigma = \frac{0{,}30 \cdot 3^2}{5^2} \cong 0{,}11\,\text{MPa}$

Argila siltosa: $\alpha = 6$ e $K = 0{,}2\,\text{MPa}$

$N_{\text{spt med}} = 8 \rightarrow E_s = 6 \cdot 0{,}2 \cdot 8 \cong 10\,\text{MPa}$

$L/B = 1$ e $h/B' = 3/5 = 0{,}60 \rightarrow \mu_0 = 0{,}83$

$L/B = 1$ e $H/B' = 2/5 = 0{,}40 \rightarrow \mu_1 = 0{,}28$

$\rho_2 = 0{,}83 \cdot 0{,}28 \cdot \frac{0{,}11 \cdot 5.000}{10} = 12{,}8\,\text{mm}$

Camada 3 (cota -8 m a -10 m):

$\Delta\sigma = \frac{0{,}30 \cdot 3^2}{7^2} \cong 0{,}06\,\text{MPa}$

Argila siltosa: $\alpha = 6$ e $K = 0{,}2\,\text{MPa}$

$N_{\text{spt med}} = 11 \rightarrow E_s = 6 \cdot 0{,}2 \cdot 11 \cong 13\,\text{MPa}$

$L/B = 1$ e $h/B' = 5/7 = 0{,}71 \rightarrow \mu_0 = 0{,}80$

$L/B = 1$ e $H/B' = 2/7 = 0{,}29 \rightarrow \mu_1 = 0{,}20$

$\rho_3 = 0{,}80 \cdot 0{,}20 \cdot \frac{0{,}06 \cdot 7.000}{13} = 5{,}2\,\text{mm}$

Camada 4 (cota -10 m a -12 m):

$\Delta\sigma = \frac{0{,}30 \cdot 3^2}{9^2} \cong 0{,}03\,\text{MPa}$

Areia argilosa: $\alpha = 3{,}5$ e $K = 0{,}55\,\text{MPa}$
$N_{\text{spt med}} = 10 \rightarrow E_S = 3{,}5 \cdot 0{,}55 \cdot 10 \cong 19\,\text{MPa}$
$L/B = 1$ e $h/B' = 7/9 = 0{,}78 \rightarrow \mu_0 = 0{,}78$
$L/B = 1$ e $H/B' = 2/9 = 0{,}22 \rightarrow \mu_1 = 0{,}16$
$\rho_4 = 0{,}78 \cdot 0{,}16 \cdot \frac{0{,}03 \cdot 9.000}{19} = 1{,}8\,\text{mm}$

Camada 5 (cota -12 m a -14 m):
$\Delta\sigma = \frac{0{,}30 \cdot 3^2}{11^2} \cong 0{,}02\,\text{MPa}$
Argila silto-arenosa: $\alpha = 6$ e $K = 0{,}2\,\text{MPa}$
$N_{\text{spt med}} = 24 \rightarrow E_S = 6 \cdot 0{,}2 \cdot 24 \cong 29\,\text{MPa}$
$L/B = 1$ e $h/B' = 9/11 = 0{,}82 \rightarrow \mu_0 = 0{,}77$
$L/B = 1$ e $H/B' = 2/11 = 0{,}18 \rightarrow \mu_1 = 0{,}12$
$\rho_5 = 0{,}77 \cdot 0{,}12 \cdot \frac{0{,}02 \cdot 11.000}{29} = 0{,}7\,\text{mm}$

Como o recalque dessa camada é inferior a 1 mm e, abaixo dela, o N_{spt} é crescente, podemos encerrar o cálculo.

Recalque: $\rho_1 + \rho_2 + \rho_3 + \rho_4 + \rho_5 = 25{,}8\,\text{mm} < 30\,\text{mm} \rightarrow$ ok!

Portanto, confirmamos a tensão admissível de $\sigma_a = 0{,}30\,\text{MPa}$, com a premissa das larguras das sapatas variando entre 1 e 3 m. No caso de haver sapata com largura superior a 3 m, precisará ser feita uma verificação adicional.

d) Previsão de recalques

Para a tensão admissível de 0,30 MPa, as sapatas maiores sofrerão um recalque de 25,8 mm. Calculemos agora o recalque das sapatas menores (B = 1 m) para completar a previsão de recalques. Para isso, as subcamadas terão espessuras de 1 m cada.

Camada 1 (cota −4 m a −5 m):
Areia: $\alpha = 3$ e $K = 0{,}9\,\text{MPa}$
$N_{\text{spt}} = 18 \rightarrow E_S = 3 \cdot 0{,}9 \cdot 18 = 49\,\text{MPa}$
$L/B = 1$ e $h/B = 1/1 = 1{,}00 \rightarrow \mu_0 = 0{,}73$
$L/B = 1$ e $H/B = 1/1 = 1{,}00 \rightarrow \mu_1 = 0{,}45$
$\rho_1 = 0{,}73 \cdot 0{,}45 \cdot \frac{0{,}30 \cdot 1.000}{49} = 2{,}0\,\text{mm}$

Camada 2 (cota −5 m a −6 m):
$\Delta\sigma = \frac{0{,}30 \cdot 1^2}{2^2} \cong 0{,}07\,\text{MPa}$

Areia: $\alpha = 3$ e $K = 0{,}9\,\text{MPa}$

$N_{spt} = 22 \rightarrow E_s = 3 \cdot 0{,}9 \cdot 22 = 59\,\text{MPa}$

$L/B = 1$ e $h/B = 2/2 = 1{,}00 \rightarrow \mu_0 = 0{,}73$

$L/B = 1$ e $H/B = 1/2 = 0{,}50 \rightarrow \mu_1 = 0{,}30$

$\rho_2 = 0{,}73 \cdot 0{,}45 \cdot \frac{0{,}07 \cdot 2.000}{59} = 0{,}8\,\text{mm}$

Camada 3 (cota −6 m a −7 m):

$\Delta\sigma = \frac{0{,}30 \cdot 1^2}{3^2} \cong 0{,}03\,\text{MPa}$

Argila siltosa: $\alpha = 6$ e $K = 0{,}2\,\text{MPa}$

$N_{spt} = 8 \rightarrow E_s = 6 \cdot 0{,}2 \cdot 8 \cong 10\,\text{MPa}$

$L/B = 1$ e $h/B' = 3/3 = 1{,}00 \rightarrow \mu_0 = 0{,}73$

$L/B = 1$ e $H/B' = 1/3 = 0{,}33 \rightarrow \mu_1 = 0{,}23$

$\rho_3 = 0{,}73 \cdot 0{,}23 \cdot \frac{0{,}03 \cdot 3.000}{10} = 1{,}5\,\text{mm}$

Camada 4 (cota −7 m a −8 m):

$\Delta\sigma = \frac{0{,}30 \cdot 1^2}{4^2} \cong 0{,}02\,\text{MPa}$

Argila siltosa: $\alpha = 6$ e $K = 0{,}2\,\text{MPa}$

$N_{spt} = 9 \rightarrow E_s = 6 \cdot 0{,}2 \cdot 9 \cong 11\,\text{MPa}$

$L/B = 1$ e $h/B' = 4/4 = 1{,}00 \rightarrow \mu_0 = 0{,}73$

$L/B = 1$ e $H/B' = 1/4 = 0{,}25 \rightarrow \mu_1 = 0{,}18$

$\rho_4 = 0{,}73 \cdot 0{,}18 \cdot \frac{0{,}02 \cdot 4.000}{11} = 1{,}0\,\text{mm}$

Camada 5 (cota −8 m a −9 m):

$\Delta\sigma = \frac{0{,}30 \cdot 1^2}{5^2} \cong 0{,}01\,\text{MPa}$

Argila siltosa: $\alpha = 6$ e $K = 0{,}2\,\text{MPa}$

$N_{spt} = 11 \rightarrow E_s = 6 \cdot 0{,}2 \cdot 11 \cong 13\,\text{MPa}$

$L/B = 1$ e $h/B' = 5/5 = 1{,}00 \rightarrow \mu_0 = 0{,}73$

$L/B = 1$ e $H/B' = 1/5 = 0{,}20 \rightarrow \mu_1 = 0{,}13$

$\rho_5 = 0{,}73 \cdot 0{,}13 \cdot \frac{0{,}01 \cdot 5.000}{13} = 0{,}4\,\text{mm}$

Com recalque inferior a 1 mm e N_{spt} crescente, não há necessidade de prosseguir o cálculo do recalque para outras camadas.

$$\text{Recalque: } \rho_1 + \rho_2 + \rho_3 + \rho_4 + \rho_5 = 5{,}7\,\text{mm}$$

Portanto, para a tensão admissível de 0,30 MPa, os recalques das diferentes sapatas da fundação irão variar entre 5,7 e 25,8 mm.

4) Para o projeto de um edifício residencial, determinar a tensão admissível da fundação por tubulões a céu aberto, em terreno representado pelo perfil a seguir, cujas bases, apoiadas à cota -8 m, têm diâmetro de 1,5 a 3 m.

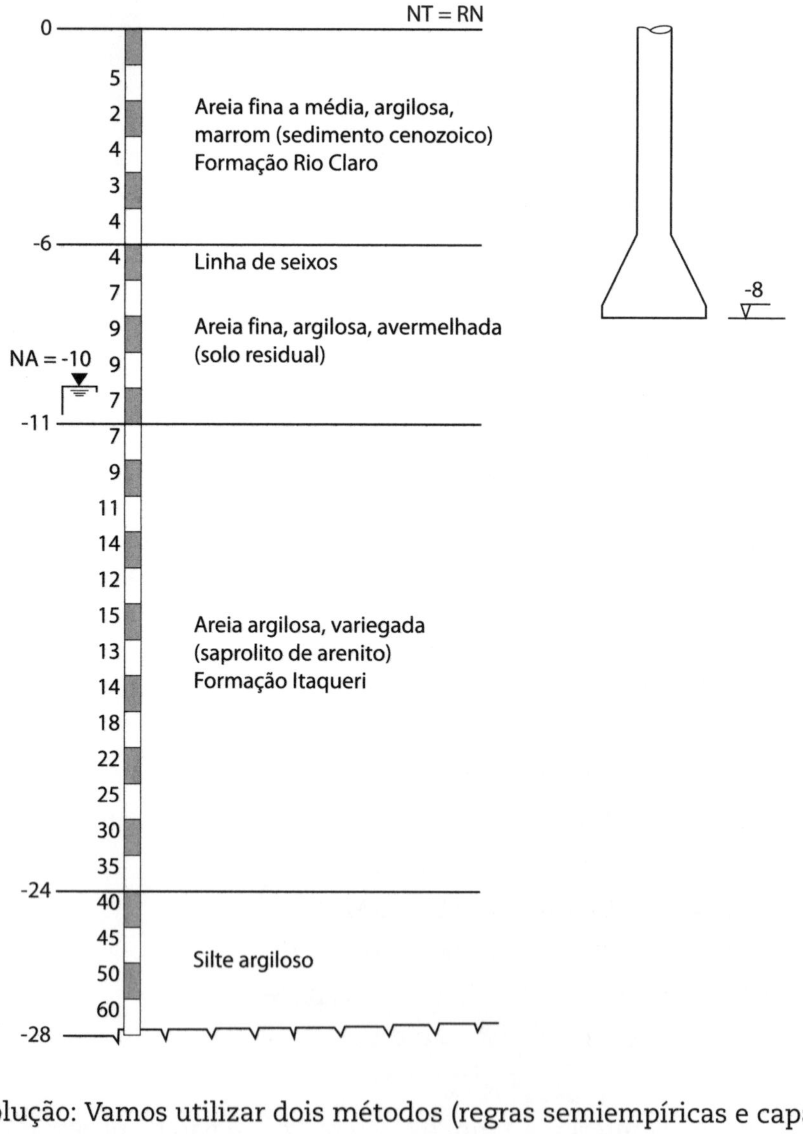

Solução: Vamos utilizar dois métodos (regras semiempíricas e capacidade de carga de fundações por estacas escavadas).

a) Regras semiempíricas

$$\sigma_a = \frac{N_{spt}}{50} + q \quad \text{(MPa)} \quad 5 \leqslant N_{spt} \leqslant 20 \qquad \sigma_a = \frac{N_{spt}}{30} \quad \text{(MPa)} \quad 6 \leqslant N_{spt} \leqslant 18$$

ambas com o valor médio de N_{spt} no bulbo de tensões.

Até a cota −8 m: areia seca com $N_{spt} \leqslant 7 \rightarrow \gamma = 16\,kN/m^3$

$$q = 8 \cdot 16 = 128\,kPa \cong 0{,}13\,MPa$$

D*b* = 1,5 m

$$N_{spt\,med} = \frac{9+9+7}{3} \cong 8$$
$$\sigma_a = \frac{8}{50} + 0{,}13 = 0{,}29\,MPa$$
$$\text{e} \quad \sigma_a = \frac{8}{30} = 0{,}27\,MPa$$

D*b* = 3 m

$$N_{spt\,med} = \frac{9+9+7+7+9+11}{6} = \frac{52}{6} \cong 9$$
$$\sigma_a = \frac{9}{50} + 0{,}13 = 0{,}31\,MPa$$
$$\text{e} \quad \sigma_a = \frac{9}{30} = 0{,}30\,MPa$$

b) Estacas escavadas

Aoki-Velloso:

$$\sigma_r = \frac{K \cdot N_{spt}}{F_1}$$

areia argilosa: $K = 0{,}60\,MPa$
$N_{spt} = 9$ (cota de apoio)
estaca escavada: $F_1 = 3$

$$\sigma_r = \frac{0{,}60 \cdot 9}{3} = 1{,}80\,MPa$$
$$F_S = 3 \quad \text{(só resistência de base)}$$
$$\sigma_a = \frac{\sigma_r}{3} = \frac{1{,}80}{3} = 0{,}60\,MPa$$

Décourt-Quaresma:

$$\sigma_r = \alpha \cdot C \cdot N_p$$

areia: $C = 0{,}40\,MPa$
areia e estaca escavada: $\alpha = 0{,}50$
N_p = média de três valores de N_{spt}
(cota de apoio, anterior e posterior)

$$N_p = \frac{9+9+7}{3} \cong 8$$

$$\sigma_r = 0{,}5 \cdot 0{,}40 \cdot 8 = 1{,}60\,\text{MPa}$$

$$F_S = 4 \quad \left(\begin{array}{l}\text{recomendado pelos autores do método para}\\ \text{a resistência de base}\end{array}\right)$$

$$\sigma_a = \frac{\sigma_r}{4} = \frac{1{,}60}{4} = 0{,}40\,\text{MPa}$$

c) Conclusão

Ao reunir os valores de σ_a obtidos para $D_b = 1{,}5\,\text{m}$ e $D_b = 3\,\text{m}$ e os respectivos valores médios, temos:

Regras semiempíricas

$$\left.\begin{array}{lll} \sigma_a = \dfrac{N}{50} + q & \rightarrow & \sigma_a = 0{,}29 \quad \text{e} \quad 0{,}31\,\text{MPa} \\ \sigma_a = \dfrac{N}{30} & \rightarrow & \sigma_a = 0{,}27 \quad \text{e} \quad 0{,}30\,\text{MPa} \end{array}\right\} \sigma_a = 0{,}30\,\text{MPa}$$

Estacas escavadas

$$\left.\begin{array}{rl} \text{Aoki-Velloso} \rightarrow & \sigma_a = 0{,}60\,\text{MPa} \\ \text{Décourt e Quaresma} \rightarrow & \sigma_a = 0{,}40\,\text{MPa} \end{array}\right\} \sigma_a = 0{,}50\,\text{MPa}$$

Da análise desses valores, adotamos inicialmente a tensão admissível de $\sigma_a = 0{,}40\,\text{MPa}$.

d) Verificação do recalque admissível

Para esse valor da tensão admissível, o recalque do tubulão de maior base ($D_b = 3\,\text{m}$) deverá ser inferior ao recalque admissível, adotado como:

$$\rho_a = 25\,\text{mm}$$

Como se trata de areia, vamos utilizar o método de Schmertmann:

$$\rho_d = C_1 \cdot C_2 \cdot \sigma^* \cdot \sum \left(\frac{I_z \cdot \Delta_z}{E_s} \right)$$

até a cota $-8\,\text{m}$: areia seca com $N_{spt} \leqslant 7 \rightarrow \gamma = 16\,\text{kN/m}^3$ (Tab. 2.5)
de $-8\,\text{m}$ a $-10\,\text{m}$: areia seca com $N_{spt} = 9 \rightarrow \gamma = 17\,\text{kN/m}^3$ (Tab. 2.5)
$q = 8 \cdot 16 = 128\,\text{kPa}$
$\sigma^* = 400 - 128 = 272\,\text{kPa}$

$C_1 = 1 - 0{,}5\frac{128}{272} = 0{,}76$
$C_2 = 1 + 0{,}2 \cdot \log\frac{t}{0{,}1} \rightarrow C_2 = 1{,}0$ (recalque imediato)

Ao calcular a base "quadrada" equivalente (mesma área):

$$B = L = \sqrt{\frac{\pi(3{,}00)^2}{4}} \cong 2{,}70\,\text{m}$$

cota $-9{,}35\,\text{m}$

($z = B/2$ abaixo da base do tubulão)

$\sigma_v = 128 + 1{,}35 \cdot 17 \cong 151\,\text{kPa}$

$$I_{z\,\text{máx}} = 0{,}5 + 0{,}1\sqrt{\frac{\sigma^*}{\sigma_v}}$$

$$= 0{,}5 + 0{,}1\sqrt{\frac{272}{151}} \cong 0{,}63$$

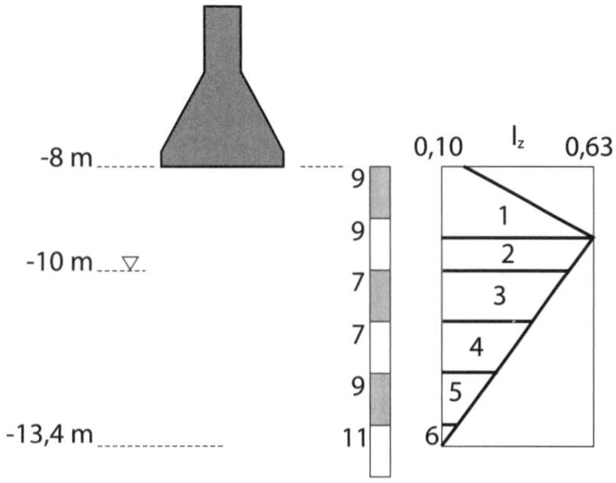

$E_s = \alpha K N_{\text{spt}}$ (MPa)

areia argilosa:
Tab. 3.3 (interpolando) → $\alpha = 4$
Tab. 3.4 → $K = 0{,}55\,\text{MPa}$
$E_s = 2{,}2N_{\text{spt}}$ (MPa)

As subcamadas deverão ter espessura máxima de 1,35 m (= B/2)

camada	Δz (mm)	I_z	N_{spt}	E_s (MPa)	$I_z \cdot \Delta z / E_s$
1	1.350	0,36	9	20	24,30
2	650	0,58	9	20	18,85
3	1.000	0,45	7	15	30,00
4	1.000	0,30	7	15	20,00
5	1.000	0,14	9	20	7,00
6	400	0,03	11	24	0,50
	$\Sigma = 5.400$				$\Sigma = 100{,}65$

$$\rho_i = 0{,}76 \cdot 1{,}00 \cdot 0{,}272 \cdot 100{,}65 = 20{,}8\,\text{mm} < 25\,\text{mm} \rightarrow \text{ok!}$$

Portanto, confirmamos a tensão admissível de $\sigma_a = 0{,}40\,\text{MPa}$, com a premissa dos diâmetros das bases dos tubulões variarem de 1,5 a 3 m. No caso de haver base com diâmetro superior a 3 m, precisará ser feita uma verificação adicional.

e) Previsão dos Recalques

Vamos estimar os recalques de todos os tubulões da obra, com base D_b entre 1,50 m e 3 m. Do item anterior, temos o recalque para $D_b = 3\,\text{m}$, então falta o recalque para $D_b = 1{,}50\,\text{m}$.

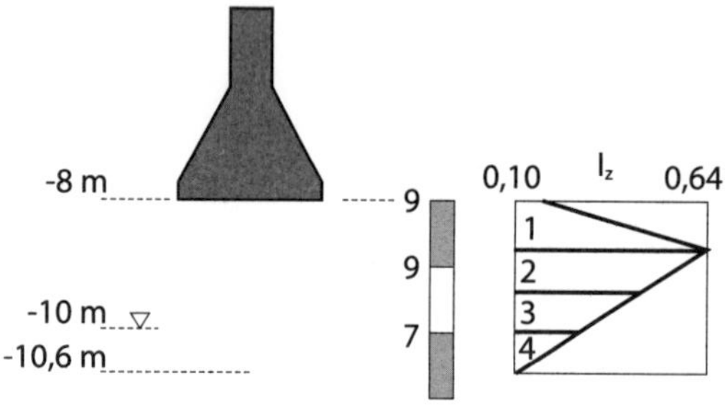

Para a "base" quadrada com área equivalente:

$$B = L = \sqrt{\frac{\pi(1{,}50)^2}{4}} \cong 1{,}30\,\text{m}$$

subcamadas de espessura máxima de 0,70 m ($\cong$ B/2)

$$\sigma_a = 0{,}40\,MPa \rightarrow \sigma^* = 0{,}27\,\text{MPa}$$

$$C_1 = 1 - 0{,}5\frac{0{,}13}{0{,}27} = 0{,}76$$

cota $-8{,}65\,\text{m}$ ($z = B/2$ abaixo da base):

$$\sigma_v = 128 + 0{,}65 \cdot 17 = 139\,\text{kPa} \cong 0{,}14\,\text{MPa}$$

$$I_{z\,\text{máx}} = 0{,}5 + 0{,}1\sqrt{\frac{0{,}27}{0{,}14}} = 0{,}64$$

camada	Δz (mm)	I_z	N_{spt}	E_s (MPa)	$I_z \cdot \Delta z / E_s$
1	650	0,37	9	20	12,02
2	650	0,53	9	20	17,22
3	700	0,31	9	20	10,85
4	600	0,10	7	15	4,00
					$\Sigma = 44{,}09$

$$\rho_i = 0{,}76 \cdot 1{,}00 \cdot 0{,}27 \cdot 44{,}09 = 9{,}0\,\text{mm}$$

Portanto, os recalques dos tubulões estarão compreendidos entre 9 e 20,8 mm, para a tensão admissível de 0,40 MPa.

Observação: Como esse solo é colapsível, recomendamos consultar Cintra e Aoki (2009) para verificar a análise complementar de tensão admissível nesse tipo de solo.

Referências bibliográficas

ABNT. *NBR 6489*: Prova de carga sobre terreno de fundação. Rio de Janeiro, 1984.

ABNT. *NBR 6122*: Projeto e execução de fundações. Rio de Janeiro, 1996.

ABNT. *NBR 6484*: Solo – sondagens de simples recohecimento com SPT. Método de ensaio. Rio de Janeiro, 2001.

ABNT. *NBR 8681*: Ação e segurança nas estruturas. Rio de Janeiro, 2003.

ABNT. *NBR 6122*: Projeto e execução de fundações. Rio de Janeiro, 2010.

ALBIERO, J. H.; CINTRA, J. C. A. Análise e projeto de fundações profundas: tubulões e caixões. In: HACHICH, W. et al. (ed.) *Fundações: teoria e prática*. São Paulo: Pini, p. 302-327, 1996.

ALONSO, U. R. *Exercícios de fundações*. São Paulo: Edgard Blücher, 1983.

AOKI, N.; VELLOSO, D. A. An approximate method to estimate the bearing capacity of piles. In: PANAMERICAN CONF. ON SOIL MECH. AND FOUND. ENGNG., 5., Buenos Aires. *Anais...*, Buenos Aires, 1975. v. 1, p. 367-376.

AOKI, N. O dogma do fator de segurança. *Seminário de Engenharia de Fundações Especiais e Geotecnia*. SEFE VI: São Paulo, v. 1, p. 9-42, 2008.

AOKI, N. Como se determina a probabilidade de ruína de uma fundação. *Palestra de abertura do Encontro Nacional: Projeto Geotécnico de Fundações por Estacas*. São Carlos (SP), 2010.

BOWLES, J. E. *Foundation analysis and design*. New York: McGraw-Hill Book, 4. ed., 1988.

BURLAND, J. B.; BROMS, B. B.; MELLO, V. F. B. Behaviour of foundations and structures. In: INT. CONF. ON SOIL MECH. AND FOUND. ENGNG., 9., Tóquio. *Anais...*, Ico-somef: Tóquio, 1977. v. 2, p. 495-546.

CAQUOT, A.; KÉRISEL, J. Sur le terme de surface dans le calcul des fondations en milieu pulvérulent. In: INT. CONF. ON SOIL MECH. AND FOUND. ENGNG, 3., 1953, Zurique. *Anais...*, Ico-somef: Zurique, 1953. v. 1, p. 336-337.

CINTRA, J. C. A. *Fundações em solos colapsíveis*. São Carlos (SP): Rima, 1998.

CINTRA, J. C. A.; AOKI, N.; ALBIERO, J. H. Extrapolação de recalques de placas para sapatas em areia. *Solos e Rochas*, n. 28, v. 3, p. 241-247, 2005.

CINTRA, J. C. A.; AOKI, N. *Projeto de fundações em solos colapsíveis*. São Carlos (SP): Serviço Gráfico, EESC-USP, 2009.

CINTRA, J. C. A.; AOKI, N. *Fundações por estacas – projeto geotécnico*. São Paulo: Oficina de Textos, 2010.

COSTA NUNES, A. J.; VELLOSO, D. A. Un perfeccionamiento en la ejecución de pozos de fundación bajo aire comprimido. In: PANAMERICAN CONF. ON SOIL MECH. AND FOUND. ENGNG., 1., México. *Anais...*, México, n. 1, p. 371-388, 1960.

COSTA, Y. D. J. *Estudo do comportamento de solo não-saturado através de provas de carga em placa*. Dissertação. São Carlos: USP, 1999.

COSTA, Y. D. J.; CINTRA, J. C. A.; ZORNBERG, J. G. Influence of matric suction on plate load test result performed on lateritic soils. *Geotechnical Testing Journal*, ASCE, June, n. 26, v. 2, p. 219-227, 2003.

D'APPOLONIA, D. J.; D'APPOLONIA, E.; BRISSETTE, R. F. Settlement of spread footings on sand. *Journal of the Soil Mech. and Found.* Div., ASCE, 94 (SM3): p. 735-760, 1968.

D'APPOLONIA, D. J.; D'APPOLONIA, E.; BRISSETTE, R. F. Discussion of Settlement of spread footings on sand. *Journal of the Soil Mech. and Found.* Div., ASCE, 96 (SM2), p. 754-762, 1970.

DÉCOURT, L.; QUARESMA, A. R. Capacidade de carga de estacas a partir de valores SPT. CONG. BRAS. DE MEC. DOS SOLOS E ENG. DE FUNDAÇÕES, VI, Rio de Janeiro. *Anais...*, 1978. n. 1, p. 45-54.

DÉCOURT, L. Análise e projeto de fundações profundas: estacas. In: HACHICH, W. et al. (ed.) *Fundações: teoria e prática.* São Paulo: Pini, p. 265-301, 1996.

FREDLUND, D. G.; RAHARDJO, H. *Soil Mechanics for unsaturated soils.* New York: John Wiley & Sons, 1993.

GIBSON, R. E. Some results concerning displacements and stresses in a non-homogeneous elastic half-space. *Géotecnique*, n. 17, v. 1, p. 58-67, 1967.

GODOY, N. S. *Fundações*: Notas de Aula, Curso de Graduação. São Carlos (SP): Escola de Engenharia de São Carlos - USP, 1972.

GODOY, N. S. *Estimativa da capacidade de carga de estacas a partir de resultados de penetrômetro estático.* Palestra. São Carlos (SP): Escola de Engenharia de São Carlos - USP, 1983.

HACHICH, W.; NADER, J. J. Correlações entre parâmetros: análise crítica. In: NEGRO Jr., et al. (ed.). *Solos da Cidade de São Paulo*, ABMS/ABEF, São Paulo, Cap. 6, p. 181-192, 1992.

HANSEN, J. B. "A revised and extended formula for bearing capacity", *Bulletin* n° 28, p. 3-11, Danish Geotechnical Institute, 1970.

MACACARI, M. F. *Variação da capacidade de carga com a sucção e profundidade em ensaios de placa em solo colapsível.* Dissertação. São Carlos: USP, 2001.

MELLO, V. F. B. "The standard penetration test". State-of-the-art Report, IV Panamerican Conf. on Soil Mech. and Found. Engng., Puerto Rico, n. 1, p. 1-86, 1971.

MELLO, V. F. B. "Deformações como base fundamental de escolha de fundação", *Geotecnia*, SPG, nº 12, fev-mar, p. 55-75, 1975.

MEYERHOF, G. G. "The ultimate bearing capacity of foundations", *Géotechnique*, n. 2, p. 301-332, 1951.

MEYERHOF, G. G. "The bearing capacity of foundations under eccentric and inclined loads". 3rd Int. Conf. on Soil Mech. and Found. Engng., Zurich, n. 1, p. 440-445, 1953.

MEYERHOF, G. G. "Influence of roughness of base and ground water conditions on the ultimate bearing capacity of foundations", *Géotechnique*, n. 5, v. 3, p. 227-242, 1955.

MEYERHOF, G. G. "Some recent research on the bearing capacity of foundations", *Canadian Geotechnical Journal*, n. 1, v. 1, p. 16-22, 1963.

MEYERHOF, G. G. "Shallow foundations", *Journal of the Soil Mech. and Found.* Div., ASCE, 91(SM2), p. 21-31, 1965.

NOVAIS FERREIRA, H. "Assentamentos admissíveis". *Geotecnia*, SPG, n. 18, nov-dez, p. 53-86, 1976.

NOVAIS FERREIRA, H. "Assentamentos admissíveis: parte II", *Geotecnia*, SPG, n. 19, jan-fev, p. 3-20, 1977.

PERLOFF, W. H. e BARON, W. *Soil mechanics: principles and applications*. New York: John Wiley and Sons, 1976.

SCHMERTMANN, J. H. "Static cone to compute static settlement over sand", *Journal of the Soil Mech. and Found.* Div., ASCE, 96(SM3), p. 1011-1043, 1970.

SCHMERTMANN, J. H. "Estimating settlements". Guidelines for cone penetration test – performance and design, Federal Highway Administration, FHWA-TS-78-208, Jul, Cap. 6, p. 49-56, 1978.

SCHMERTMANN, J. H.; HARTMAN, J. P.; BROWN, P. R. "Improved strain influence factor diagrams", *Journal of Geotechnical Engng.* Div., ASCE, 104(GT8), p. 1131-1135, 1978.

SIMONS, N. E.; MENZIES, K. E. *Introdução à engenharia de fundações*. Rio de Janeiro: Interciência, 1981.

SKEMPTON, A. W. "The bearing capacity of clays". Building Research Congress, v. 1, p. 180-189, 1951.

SOWERS, G. F. "Shallow foundations", in: LEONARDS, G. A. (ed.) *Foundation Engineering*. New York: McGraw-Hill Book, Cap. 6, p. 525-632, 1962.

TAYLOR, D. W. *Fundamentals of soil mechanics*. New York: John Wiley and Sons, 1946.

TEIXEIRA, A. H. "Projeto e execução de fundações". 3° Seminário de Engenharia de Fundações Especiais e Geotecnia, São Paulo, n. 1, p. 33-50, 1996.

TEIXEIRA, A. H.; GODOY, N. S. "Análise, projeto e execução de fundações rasas", in: HACHICH, W. et al. (ed.) *Fundações: teoria e prática*. São Paulo: Pini, Cap. 7, p. 227-264, 1996.

TERZAGHI, K. "Discussion on pile driving formulas". Proc. ASCE, n. 68, v. 2, p. 311-323, 1942.

TERZAGHI, K. *Theoretical soil mechanics*. New York: John Wiley and Sons, 1943.

TERZAGHI, K.; PECK, R. B. *Soil mechanics in engineering practice*. New York: John Wiley and Sons, 1948.

TERZAGHI, K.; PECK, R. B. *Soil mechanics in engineering practice*. New York: John Wiley and Sons, 1967.

TIMOSHENKO, S.; GOODIER, J. N. *Theory of elasticity*. New York: McGraw Hill Book, 1951.

TSCHEBOTARIOFF, G. P. *Fundações, estruturas de arrimo e obras de terra*. São Paulo: McGraw-Hill do Brasil, 1978.

VARGAS, M. "Fundação sobre aterro compactado". *Boletim* da Repartição de Águas e Esgotos, RAE, ano 13, junho, n. 23, p. 51-60, 1951.

VARGAS, M. *Introdução à mecânica dos solos*. São Paulo: McGraw-Hill do Brasil, 1978.

VELLOSO, D. A.; LOPES, F. R. *Fundações: vol. 1*. Rio de Janeiro: COPPE-UFRJ, 1996.

VESIC, A. S. "Bearing capacity of shallow foundations", in: WINTERKORN, H. F e FANG, H. Y. (ed.). *Foundation Engineering Handbook*. New York: Van Nostrand Reinhold, Cap. 3, p. 121-147, 1975.